高等职业教育系列教材

工程识图与制图（非机械类）

主　编　刘雅荣　周佩秋
副主编　孙淑荣　高玉侠　孙增晖　李国斌
参　编　刘利萍　许　晶　杨晓辉

机械工业出版社

本书以图文并茂的形式全面介绍了工程识图与制图课程的基本理论和制图的基本方法。内容包括：平面图形的绘制与识读、基本体几何体三视图的绘制与识读、组合体视图的绘制与识读、轴测图的绘制、机件的常用表达方法、常用零部件及结构要素的绘制与识读、零件图的绘制与识读、装配图的绘制与识读、其他工程图样的绘制与识读、计算机绘图。本书配套有《工程识图与制图习题集（非机械类）》(ISBN 9-787-111-51056-7)。

　　本书可作为高等职业院校近机械类和非机械类各专业的专业基础课教材，也可作为工程技术人员自学或专业课教师的参考用书。

　　本书有配套的授课电子教案，需要的教师可登录机械工业出版社教材服务网 www. cmpedu. com 免费注册后下载，或联系编辑索取（QQ：1239258369，电话：010 – 88379739）。

图书在版编目（CIP）数据

工程识图与制图：非机械类/刘雅荣，周佩秋主编. —北京：机械工业出版社，2015.9（2023.6 重印）

高等职业教育系列教材

ISBN 978-7-111-51055-0

Ⅰ. ①工…　Ⅱ. ①刘…②周…　Ⅲ. ①工程制图－识别－高等职业教育－教材　Ⅳ. ①TB23

中国版本图书馆 CIP 数据核字（2015）第 179133 号

机械工业出版社（北京市百万庄大街22号　邮政编码100037）
策划编辑：曹帅鹏　责任编辑：曹帅鹏　张丹丹
责任校对：张　薇　责任印制：单爱军
北京虎彩文化传播有限公司印刷
2023 年 6 月第 1 版第 6 次印刷
184mm×260mm · 15.75 印张 · 385 千字
标准书号：ISBN 978-7-111-51055-0
定价：49.00 元

电话服务　　　　　　　　网络服务
客服电话：010-88361066　　机 工 官 网：www. cmpbook. com
　　　　　010-88379833　　机 工 官 博：weibo. com/cmp1952
　　　　　010-68326294　　金 书 网：www. golden-book. com
封底无防伪标均为盗版　　机工教育服务网：www. cmpedu. com

前　　言

"工程识图与制图"课程是一门研究如何用投影的方法绘制工程图样的技术基础课。在生产实践中，设计人员通过图样来表达设计思想和设计要求，制造者通过图样来了解设计者的意图，加工出符合要求的具有实际使用价值的机器或零件。由此可见，工程技术人员是通过图样来进行技术交流的。根据生产领域不同，图样又被分为机械图样、建筑图样、电子工程图样、水利图样、化工图样等。可以说图样是工程界的一种技术语言，因此，作为高等技术人才，必须具有识图和画图的本领。

1. 本课程的主要任务和要求

本课程的主要任务是通过系统的学习，使学生掌握机械制图国家标准的有关内容、基本的投影知识、零件图和装配图的绘制与识读，培养学生绘制和识读机械图样的能力及空间想象能力，为后续课程的学习打下扎实的基础。学完本课程后应达到如下要求：

1) 掌握绘制和阅读机械图样的基本知识。

2) 养成正确执行机械制图国家标准及有关规定的良好习惯，具有查阅图样中有关标准的能力。

3) 具有一定的空间思维和想象能力。

4) 具有绘制和识读工程图样的能力。

5) 具有利用计算机绘制工程图样的能力。

6) 养成认真负责的工作态度和严谨细致的工作作风。

2. 本课程的特点和学习方法

1) 本课程是一门既有系统的理论知识，又比较注重实践环节的技术基础课。在学习过程中，要注重掌握基本的理论、规范和方法，多画多看，反复实践。只有通过一定数量的作图实践，才能牢固掌握所学知识。

2) 本课程的难点是空间想象能力和空间构形能力的培养。因此在学习过程中，要注意分析空间几何形体与平面图形间的相互关系。只有通过从空间到平面，从平面到空间的反复研究和思考，才能不断提高空间分析能力、构思能力和表达能力。

3) 本课程是一门连续性很强的课程，整体由浅入深，环环相扣，因此要注意及时巩固和练习，否则会影响新知识的学习。

4) 由于用文字叙述平面与空间的转化有一定的难度，因此老师在课堂上会用多媒体动画或者模型演示，直观性强，容易理解，在课堂上要认真听讲。

3. 本书的特点

随着我国高等职业教育的迅速发展和高职高专教学改革的不断深化，工程图学的教学内容、教学方法和手段都发生了深刻的变化。为了符合高职高专培养模式的要求，本书以培养全面发展的高素质技能型专门人才为目标，以突出应用为目的，按照识图能力和制图能力培养两条主线介绍方法和实例，结合编者多年的教学改革实践经验和多年的教学经验编写而成。

　　本书采用了最新的《技术制图》和《机械制图》国家标准，在叙述方法上通俗易懂，深入浅出，在表达形式上图文并茂，形象直观，便于阅读。

　　本书由长春职业技术学院刘雅荣、周佩秋任主编；长春职业技术学院孙淑荣、高玉侠、孙增晖、李国斌任副主编；参加本书编写的还有长春职业技术学院刘利萍、许晶、杨晓辉；全书由刘雅荣统稿。具体编写分工如下：刘雅荣编写第2、6、7章，李国斌编写第1、3、4章，周佩秋编写第9章，孙增晖编写第5、10章，高玉侠编写第8章，孙淑荣、刘利萍编写附录，许晶、杨晓辉参与了本书CAD绘图工作。

　　在本书的编写过程中，得到了有关院校、工厂的帮助与支持，对此我们表示衷心的感谢。

　　对本书存在的问题，衷心地希望广大读者提出宝贵意见与建议，以便今后改进。

编　　者

目　　录

第1章 平面图形的绘制与识读

【知识目标】

掌握绘图工具与绘图仪器的使用方法，掌握国家标准的各项规定；掌握基本几何图形的作图方法。

【能力目标】

具有正确运用绘图工具、遵守国家标准各项规定绘制平面图形的能力。

【本章简介】

图样是生产过程中的重要技术资料和主要依据，是工程技术人员表达设计思想、进行技术交流的工具，是工程界的技术语言。要完整、清晰、准确地绘制出工程图样，除需要有耐心细致和认真负责的工作态度外，还要掌握正确的作图方法、熟练地使用绘图工具，同时还必须遵守国家标准《技术制图》与《机械制图》中的各项规定。本章主要介绍国家标准《技术制图》与《机械制图》中的基本规定，制图工具及仪器的使用，几何作图及平面图形尺寸分析、画图方法等。

1.1 常用的绘图工具及其使用方法

正确使用绘图工具和仪器，掌握正确的绘图方法，是保证绘图质量和绘图效率的一个重要方面。下面介绍常用的绘图工具与绘图仪器。

1.1.1 铅笔

绘图铅笔分软与硬两种型号，字母"B"表示软铅芯，字母"H"表示硬铅芯。"B"之前的数值越大，表示铅芯越软；"H"之前的数值越大，表示铅芯越硬；字母"HB"表示软硬适中的铅芯。绘制机械图样时，常用"2H"或"H"铅笔画底稿；用"B"或"HB"铅笔加深加粗全图；用"HB"铅笔写字。铅芯应削制成圆锥形或矩形，圆锥形铅芯用于画细线及书写文字，矩形铅芯用于描深粗线，如图1-1所示。

图样上的线条应清晰光滑，色泽均匀。用铅笔绘图时，笔尖应与尺身靠紧，笔身垂直于纸面或向运笔方向倾斜，用力要均匀。用圆锥形铅芯画长线时应转动笔杆，以使图线粗细均匀。

1.1.2 图板和丁字尺

图板是用来支承图纸的木板。画图时，需将图纸平铺在图板上，板面应平坦光洁，木质纹理细密，软硬适中。图板的左侧边称为导边，必须平直。图板有不同大小的规格，应根据需要来选定。

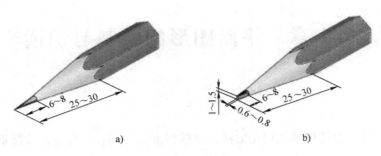

图 1-1　铅笔削法

丁字尺主要用于画水平线，它由尺头和尺身组成。尺头和尺身的连接处必须牢固，尺头的内侧边与尺身的上边（称为工作边）必须垂直。使用时，用左手扶住尺头，将尺头的内侧边紧贴图板的导边，上下移动丁字尺，自左向右可画出一系列不同位置的水平线，如图 1-2a 所示。

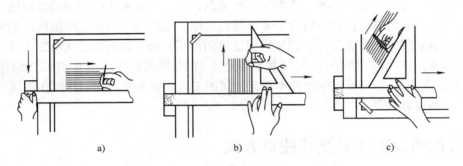

图 1-2　用丁字尺和三角板画线
a）画水平线　b）画垂直线　c）画斜线

1.1.3　三角板

三角板有 45°—90°和 30°—60°—90°的各一块。将一块三角板与丁字尺配合使用，自下而上可画出一系列不同位置的直线，如图 1-2b 所示；还可画与水平线成特殊角度（如 30°、45°、60°）的倾斜线，如图 1-2c 所示；将两块三角板与丁字尺配合使用，可画出与

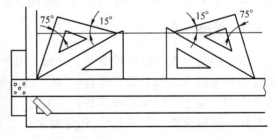

图 1-3　画 15°、75°斜线

水平线成 15°、75°的倾斜线，如图 1-3 所示。两块三角板互相配合使用，可任画已知直线的平行线或垂直线，如图 1-4 所示。

1.1.4　圆规和分规

圆规是用来画圆和圆弧的。圆规的一脚装有带台阶的小钢针，称为针脚，用来固定圆心；圆规的另一脚可装上铅芯，称为笔脚。笔脚可替换使用铅笔芯、鸭嘴笔尖（上墨用）、延长杆（画大圆用）和钢针（当分规用）。圆规的构造较多，常用的有大圆规、弹簧规和点圆规等，如图1-5所示。

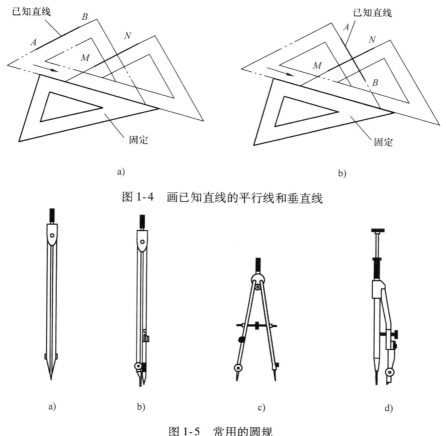

图1-4　画已知直线的平行线和垂直线

图1-5　常用的圆规
a）分规　b）大圆规　c）弹簧规　d）点圆规

使用圆规时，应使针脚稍长于笔脚，针尖插入图板后，钢针台阶应与铅芯尖端齐平。铅芯削成与纸面成75°的楔形，以使圆弧粗细均匀，如图1-6所示。

笔脚上的铅芯在画细线圆时，将"2H"或"H"铅芯磨成凿形；画粗线圆时，将"B"或"2B"铅芯磨成带方形截面的头部，如图1-7a所示。图1-7b是这两种形状的铅芯被分别装在圆规插脚上的情形。

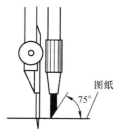

图1-6　圆规的针尖

画圆时应先定圆心位置，用细点画线画出垂直相交的中心线，量取半径后，用右手转动圆规手柄，沿顺时针方向均匀画圆，如图1-8所示。画大尺寸圆弧时，应将针脚、笔脚折弯，使其与纸面垂直，如图1-9所示。画小圆常用点圆规或弹簧规，也可用模板画出。

分规是用来量取线段或等分线段的工具。分规的两腿端部有钢针，当两腿合拢时，两针尖应重合于一点。

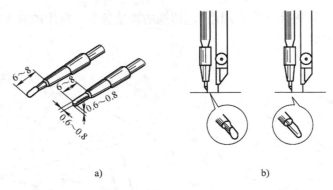

图1-7 用于圆规上的铅芯削法

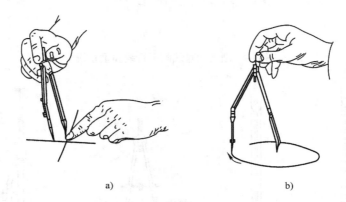

图1-8 用圆规画圆弧

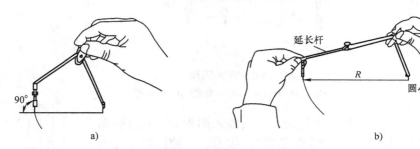

图1-9 画大圆弧
a）用大圆规 b）用延长杆

1.1.5 其他常用的绘图工具

绘制工程图样时，常用的绘图工具还有比例尺、曲线板和模板等。

作图时，为了方便尺寸换算，将工程上常用比例按照标准的尺寸刻度换算为缩小比例刻度或放大比例刻度刻在尺面上，具有此类刻度的尺称为比例尺。当确定了某一比例后，可以不用计算，直接按照尺面所刻的数值，截取或读出实际线段在比例尺上所反映的长度。

曲线板是用来绘制非圆曲线的。首先要确定曲线上足够数量的点，再用铅笔徒手轻轻地将各点光滑地连接起来，然后选择曲线板上曲率与之相吻合的部分，分段画出各段曲线。注意应留出各段曲线末端的一小段不画，用于连接下一段曲线，这样曲线才显得圆滑，如图

1-10 所示。

图 1-10　用曲线板作图

　　为了提高绘图速度，可使用各种功能的绘图模板直接描画图形。有适合绘制各种专用图样的模板，如六角螺栓模板、椭圆模板、字格符号模板等。模板作图快速简便，但是作图时应注意对准定位线，绘图笔应垂直纸面，沿图形孔的周边绘制。

1.2　国家标准有关机械制图的基本规定

　　图样是工程技术界的共同语言，为了便于指导生产和进行对外技术交流，国家标准对图样上的有关内容做出了统一的规定，每个从事技术工作的人员都必须掌握并遵守。国家标准（简称"国标"）的代号为"GB"。本任务主要介绍图纸幅面、比例、字体、图线、尺寸注法等基本规定，其他的有关标准将在以后的相关章节中介绍。

1.2.1　图纸幅面及格式（GB/T 14689—2008）

1. 图纸幅面

　　图纸幅面是指图纸宽度与长度组成的图面，绘制技术图样时，应优先选用表 1-1 规定的基本幅面。必要时，也允许选用国家标准所规定的加长幅面，加长幅面的尺寸由基本幅面的短边成整数倍增加后得出。

表 1-1　图纸基本幅面及图框尺寸　　　　　　　　　　　　　　（单位：mm）

幅面代号	A0	A1	A2	A3	A4
$B \times L$	841×1189	594×841	420×594	297×420	210×297
e	20			10	
c	10			5	
a	25				

　　基本幅面图纸中，A0 幅面的面积为 $1m^2$，A1 幅面的面积是 A0 幅面的一半，A2 幅面的面积是 A1 幅面的一半，其余以此类推。

2. 图框格式

　　在图纸上必须用粗实线画出图框，图框有留装订边和不留装订边两种格式（图 1-11），同一产品中所有图样均采用同一格式。周边尺寸 a、c、e 等按表 1-1 的规定画出。图纸装订形式一般采用 A4 幅面竖装，也可按 A3 幅面横装。

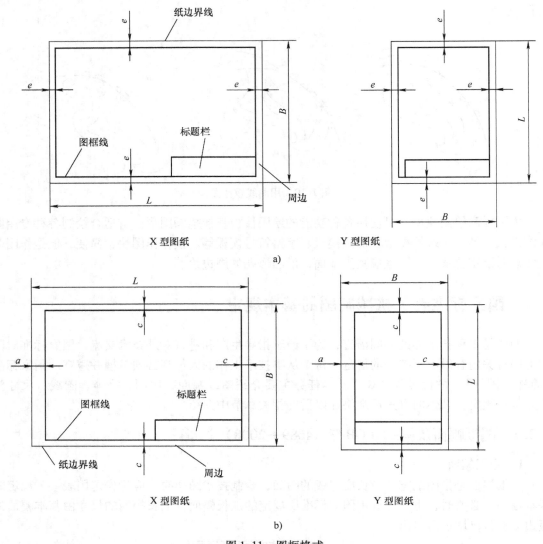

图 1-11　图框格式

a）留装订边　b）不留装订边

3. 标题栏（GB/T 10609.1—2008）

绘图时应在每张图纸的右下角画出标题栏，其外框用粗实线绘制，内部用粗实线或细实线分格。国家标准规定标题栏的样式如图 1-12 所示，学生制图作业中可采用非国家标准的简化标题栏格式（图 1-13）。

1.2.2　比例（GB/T 14690—1993）

比例是指图样中图形与其实物相应要素的线性尺寸之比，比例分为原值、缩小和放大三种。画图时，应尽量采用 1∶1 的比例画图。必要时也可选用其他比例画图，但所用比例应符合表 1-2 中规定的系列。无论采用缩小或放大比例绘图，在图样上标注的尺寸均为机件设计要求的尺寸，而与比例无关，如图 1-14 所示。比例一般应注写在标题栏中的比例栏内。必要时，可在视图名称的下方或右侧注写比例。

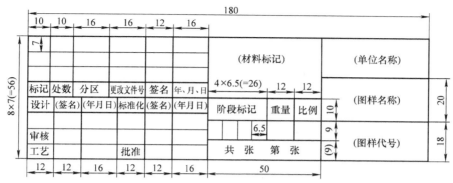

图1-12　标题栏的格式及其组成部分尺寸

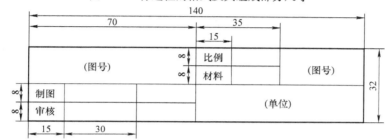

图1-13　非国家标准标题栏

表1-2　比例系列

种类	比　例	
	第一系列	第二系列
原值比例	1:1	
缩小比例	1:2　1:5　$1:10^n$　$1:2 \times 10^n$　$1:5 \times 10^n$	1:1.5　1:2.5　1:3　1:4　1:6 $1:1.5 \times 10^n$　$1:2.5 \times 10^n$　$1:3 \times 10^n$　$1:4 \times 10^n$　$1:6 \times 10^n$
放大比例	2:1　5:1 $1 \times 10^n:1$　$2 \times 10^n:1$　$5 \times 10^n:1$	2.5:1　4:1 $2.5 \times 10^n:1$　$4 \times 10^n:1$

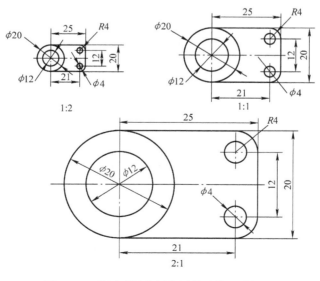

图1-14　采用不同比例的图样及其尺寸标注

1.2.3　字体（GB/T 14691—1993）

在图样上除了表示机件形状的图形外，还要用文字和数字来说明机件的大小、技术要求和其他内容。图样中所书写的汉字、数字、字母必须做到字体工整、笔画清楚、间隔均匀、排列整齐。

1. 字号

字体的号数即为字体的高度 h，分为 1.8，2.5，3.5，5，7，10，14，20 八种，单位为 mm。

2. 汉字

图样上的汉字应写成长仿宋体，并应采用国家正式公布的简化字。长仿宋体汉字的特点是：字形长方、笔画挺直、粗细一致、起落分明、撇挑锋利、结构均匀。

汉字高度 h 不应小于 3.5mm，其字宽度 b 一般为 $\dfrac{h}{\sqrt{2}}$（$\approx 0.7h$），图 1-15 为图样上常用的 10 号、7 号和 5 号长仿宋体汉字的示例。

10号字：

字体工整　笔画清楚　间隔均匀　排列整齐

7号字：

横平竖直　注意起落　结构均匀　填满方格

5号字：

技术制图　机械电子　汽车船舶　土木建筑

图 1-15　长仿宋体汉字示例

3. 数字和字母

数字和字母可写成斜体和直体。斜体字字头向右倾斜，与水平基准线夹角为 75°，当与汉字混合书写时可采用直体，图样上一般采用斜体字。用作指数、分数、极限偏差、注脚的数字及字母，一般应采用小一号字体，如图 1-16 所示。

1.2.4　图线（GB/T 4457.4—2002、GB/T 17450—1998）

国家标准规定的图线宽度 d 有 0.13，0.18，0.25，0.35，0.5，0.7，1.0，1.4，2 九种，单位为 mm。机械图样采用的线型分粗、细两种宽度，其宽度比为 2:1，粗实线线宽优先选用 0.5mm、0.7mm。绘制图样时常用线型及其应用见表 1-3。

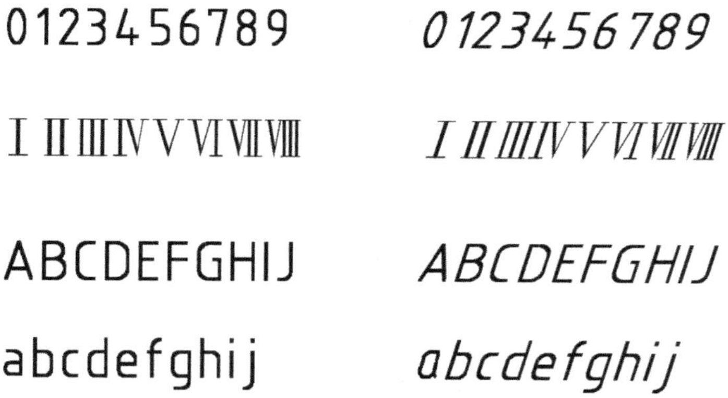

0123456789　　　*0123456789*

Ⅰ Ⅱ Ⅲ Ⅳ Ⅴ Ⅵ Ⅶ Ⅷ　　　*Ⅰ Ⅱ Ⅲ Ⅳ Ⅴ Ⅵ Ⅶ Ⅷ*

ABCDEFGHIJ　　　*ABCDEFGHIJ*

abcdefghij　　　*abcdefghij*

图 1-16　数字、字母示例

表 1-3　机械制图的图线型式及应用

序号	图线名称	图线型式	线宽	一般应用
1	细实线		约 $d/2$	过渡线、尺寸线、尺寸界线、剖面线、重合断面的轮廓线、指引线、螺纹牙底线及辅助线等
2	波浪线		约 $d/2$	断裂处的边界线；视图与剖视图的分界线
3	双折线	$7.5d$　$14d$　$20\sim40$	约 $d/2$	断裂处的边界线；视图与剖视图的分界线
4	粗实线	d	d	可见轮廓线；表示剖切面起、讫和转折的剖切符号；螺纹牙顶线
5	细虚线	$2\sim6$　$1\sim2$	约 $d/2$	不可见轮廓线
6	粗虚线	$2\sim6$　$1\sim2$	d	允许表面处理的表示线
7	细点画线	$10\sim25$　$2\sim3$	约 $d/2$	轴线、对称中心线、剖切线、分度圆等
8	粗点画线	$10\sim25$　$2\sim3$	d	限定范围表示线（特殊要求）
9	细双点画线	$10\sim20$　$3\sim4$	约 $d/2$	相邻辅助零件的轮廓线、可动零件极限位置的轮廓线、轨迹线、中断线等

图线的应用举例如图 1-17 所示。

手工绘制图样时，应注意：

1）同一图样中同类图线的宽度应保持基本一致。细虚线、细点画线及细双点画线的线

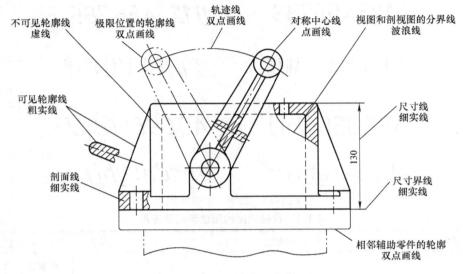

图 1-17　图线应用举例

段长度和间隔应各自大致相同。

2）两条平行线之间的距离应不小于粗实线的两倍宽度，其最小距离不得小于0.7mm。

3）绘制圆的对称中心线时，圆心应为画线的交点，且要超出图线的轮廓线 3～5mm，如图 1-18 所示。

4）在较小的图形上绘制细点画线和细双点画线有困难时，可用细实线代替。

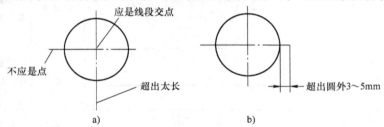

图 1-18　中心线的绘制
a）错误　b）正确

5）虚线与虚线相交或虚线与其他线相交时，应在画线处相交。当虚线处在实线的延长线上时，实线应画到分界点而虚线应留有空隙，如图 1-19 所示。

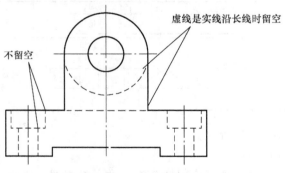

图 1-19　虚线连接处的画法

1.2.5 尺寸标注（GB/T 4458.4—2003、GB/T 16675.2—2012）

图形只能表达物体的形状，而物体的大小则由标注的尺寸确定。标注尺寸是一项极为重要的工作，必须认真细致、一丝不苟。如果尺寸标注有错误，会给生产带来困难和损失。

1. 基本规则

1）机件的真实大小应以图样上所注的尺寸数值为依据，与图形的大小及绘图的准确度无关。

2）图样中尺寸以 mm（毫米）为单位时，不需标注计量单位的代号或名称，如果必须采用其他单位，则应注明相应的计量单位代号或名称。

3）图样中所标注的尺寸，为该图样所示机件的最后完工尺寸，否则应另加说明。

4）机件的每一尺寸，一般只标注一次，并应标注在反映结构最清晰的图形上。

2. 尺寸组成

如图 1-20 所示，一个完整的尺寸标注一般应由尺寸界线、尺寸线（含尺寸线终端）、尺寸数字这三个基本要素组成。

（1）尺寸界线 尺寸界线用细实线绘制，表示尺寸度量的范围。尺寸界线应由图形的轮廓线、轴线或对称中心线引出，也可直接用轮廓线、轴线或对称中心线作为尺寸界线。尺寸界线一般与尺寸线垂直，必要时允许倾斜。尺寸界线应超过尺寸线的终端 2～3mm。

（2）尺寸线 尺寸线用细实线绘制，表示尺寸度量的方向。尺寸线必须单独画出，不能与其他图线重合或画在其延长线上。标注线性尺寸时，尺寸线必须与所标注的线段平行，当有几条相互平行的尺寸线时，各尺寸线的间距要均匀，间隔应在

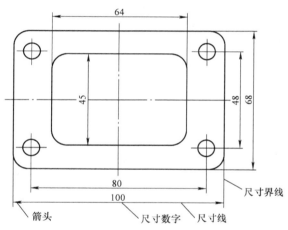

图 1-20 尺寸基本要素

7～10mm，且应小尺寸在里，大尺寸在外，尽量避免尺寸线之间及尺寸线与尺寸界线之间相交。在圆或圆弧上标注直径或半径时，尺寸线或其延长线应通过圆心。

在机械图样中，常用箭头表示尺寸线终端，如图 1-21a 所示；在标注小尺寸时，可用实心圆点代替，其直径为粗实线的宽度，如图 1-21b 所示。

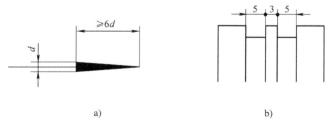

a)   b)

图 1-21 尺寸线终端形式

注：d 为图中粗实线的宽度。

（3）尺寸数字　线性尺寸数字一般标注在尺寸线的上方或左方，尺寸数字的方向应以看图方向为准。尺寸线为水平方向时，尺寸数字的字头向上，从左向右书写；尺寸线为竖直方向时，尺寸数字的字头朝左，从下向上书写；尺寸线倾斜时，尺寸数字的字头应保持朝上的趋势。

3. 各种类型的尺寸标注

表1-4中列出了国家标准规定的一些尺寸标注形式。

表1-4　尺寸的标注形式

标注内容	说明	示　例
线性尺寸的数字方向	尺寸数字应按示例图中所示方向注写并尽可能避免在30°范围内标注尺寸，当无法避免时，可按右图的形式标注	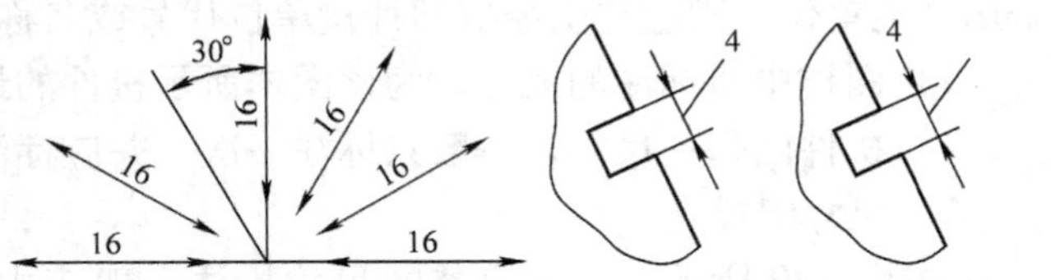
角度	尺寸数字应一律水平书写，尺寸界限应沿径向引出，尺寸线应画成圆弧，圆心是角的顶点；一般注在尺寸线的中断处，必要时（尺寸线之间的空间不够的情况）允许写在外面或引出标注	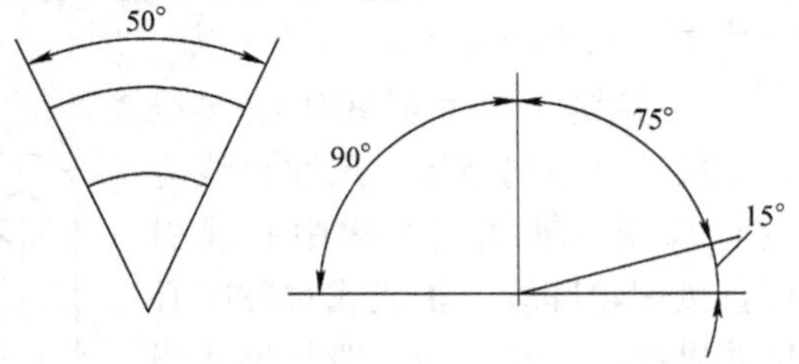
直径	完整的圆或大于一半的圆应标注直径，并在直径数值前加"ϕ"	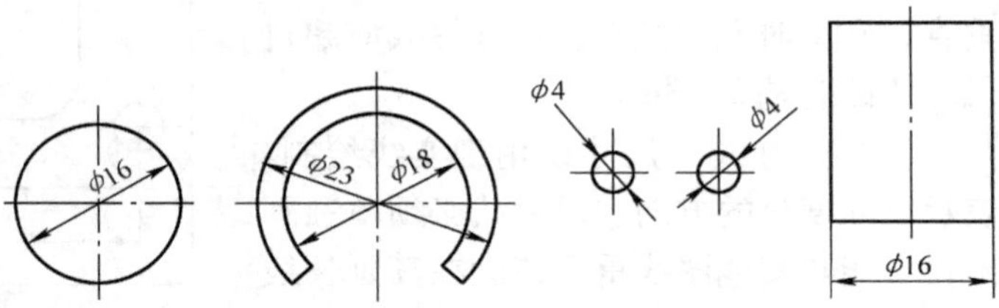
半径	小于一半的圆应标注半径，并在半径数值前加"R"；半径的尺寸线应通过圆心或指向圆心，大半径时可将尺寸线画成折线，但箭头的反向应指向圆心	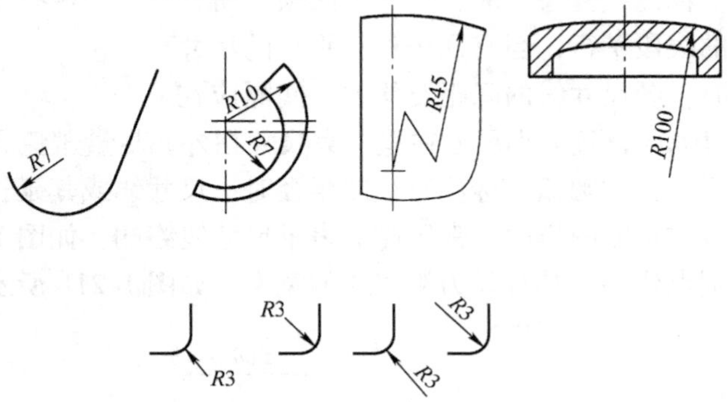
球径	在标注圆球直径或半径时，应在尺寸数值前加"$S\phi$"或"$R\phi$"	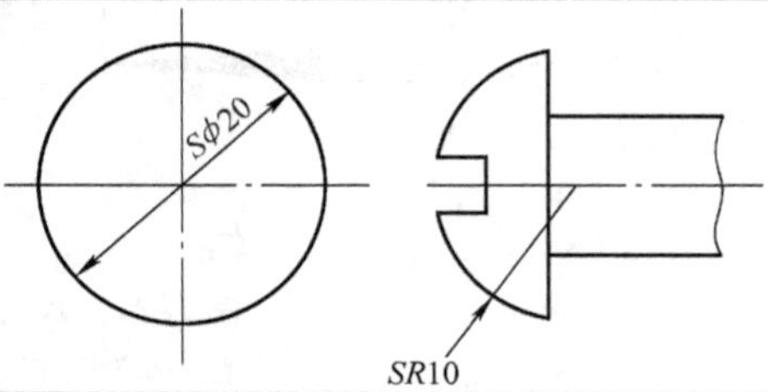

（续）

标注内容	说明	示　　例
弧长和弦长	标注弦长时，尺寸线因平行于该弦，尺寸界线应平行于该弦的垂直平分线；标注弧长尺寸时，尺寸线用圆弧，尺寸数字前面应加注符号"⌒"	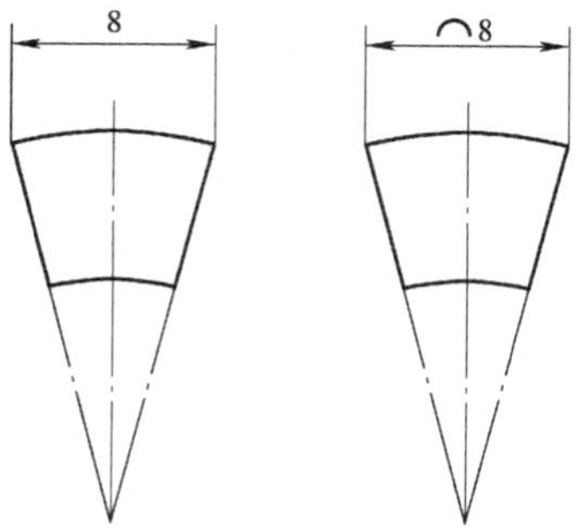
均匀分布的孔	均匀分布的孔，可按示例中所示标注；当孔的定位和分布情况在图中已明确时，允许省略其定位尺寸和缩写词 EQS	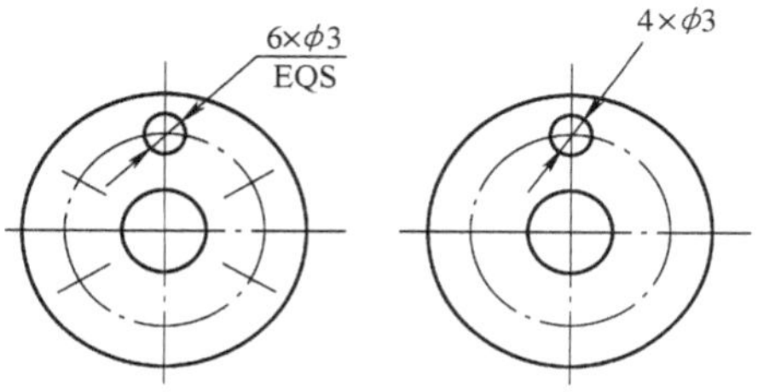
板厚	标注板状零件的厚度时，可在尺寸数字前加"t"	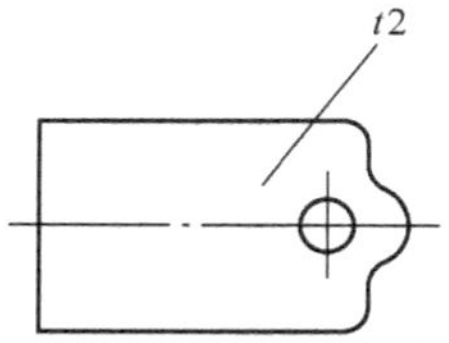

4. 标注尺寸常用的符号和缩写词

常用的符号和缩写词见表 1-5。

表 1-5　标注尺寸常用的符号和缩写词

名　　称	符号或缩略词	名　　称	符号或缩略词	名　　称	符号或缩略词
直径	ϕ	厚度	t	沉孔或锪孔	⊔
半径	R	正方形	□	埋头孔	∨
球直径	$S\phi$	45°倒角	C	均布	EQS
球半径	SR	深度	↧		

1.3　常用几何图形的画法

1.3.1　正多边形的画法

表 1-6 列出了等分正多边形的方法和步骤。

表1-6　正多边形画法

作图要求	图　例	说　明
三等分圆周及画正三角形		等边三角形 用60°三角板的斜边过顶点 A 画直线，与外接圆交与点 B，过点 B 画水平线交外接圆于点 C，连接三点即成
四等分圆周及画正四边形		正四边形方形 用45°三角板的斜边过圆心画直线，与外接圆交于 A、C 两点，过点 A、点 C 作水平线交外接圆于 D、B 两点，连接四边即成
五等分圆周及画正五边形		正五边形 以 O_1 为圆心画圆弧与外接圆交于1、2 两点，连接1、2 与水平中心线交于 O_2 即为半径 O_1O 的中点；以 O_2 为圆心 O_2A 为半径画圆弧交于点3；以 A3 为边长，用它在外接圆上顺次截取得到顶点 A、B、C、D、E，连接即成
六等分圆周及画正六边形		正六边形 因边长等于外接圆半径，可分别以点 A、D 为圆心，以 AD/2 为半径画圆交于 B、C、D、E、F 四点，与点 A、D 共为六个顶点，连接即成

1.3.2　椭圆的画法

椭圆有多种不同的画法，这里只介绍已知长轴、短轴用圆规画椭圆的近似画法——四心圆弧法，作图步骤如下。

作长轴 AB、短轴 CD，连接 AD，以 O 为圆心 OA 为半径画圆弧交于点 1，以 D 为圆心 $D1$ 为半径画圆交于点 2，求出 $A2$ 的垂直平分线分别交长轴、短轴于点 3、4，然后求出与点 3、4 对称的点 5、6，分别以点 3、4、5、6 为圆心过长轴、短轴的端点画圆弧，如图 1-22 所示。

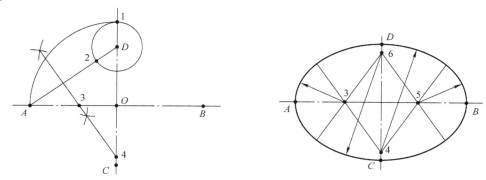

图 1-22　椭圆的画法

1.3.3　斜度和锥度

1. 斜度

斜度是指一直线（或一平面）相对另一直线（或平面）的倾斜程度。斜度用两直线（或两平面）夹角的正切来表示，最终将比值化为 $1:n$ 的形式。

图 1-23 所示为斜度 $1:15$ 的钩头楔键，其作图步骤如下。

图 1-23a 为以合适的长度作为单位长度，在水平线上截取 $AB=15$ 个单位长度；过 B 作垂线，取 $BC=1$ 个单位长度，连接 AC 即得斜度 $1:15$ 的斜线。

图 1-23b 为过 D 作 AC 的平行线，即作出斜度为 $1:15$ 的钩头楔键斜面。

图样上斜度的标注方法如图 1-23b 所示（$\angle 1:15$），符号 "$\angle$" 的方向与斜度方向一致。

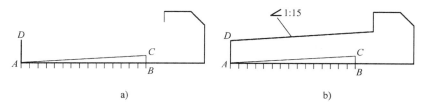

a)　　　　　　　　　　　　　　　b)

图 1-23　斜度的画法

在标注中斜度符号的画法如图 1-24 所示，图中 $h=$ 字高，符号线宽 $=h/10$。

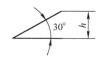

图 1-24　斜度符号

2. 锥度

正圆锥底圆直径与其高之比称为锥度，对于正圆锥台则为两底圆直径之差与其高度之比，同样将比值化为 $1:n$ 的形式。

图 1-25 所示为一旋塞，其右部是一锥度为 $1:3$ 的正圆锥台，作图步骤如下。

选择合适的长度作为单位长度，由点 A 沿轴线量取 3 个单位长度到点 B，并以点 A 为中点在 EF 上向上、向下分别量取 0.5 个单位长度，即 CD 长 1 个单位长度（图 1-25a）。连接 BC、BD，分别过点 E 和 F 作 BC、BD 的平行线，即得到所要求的 1:3 的锥度（图 1-25b）。

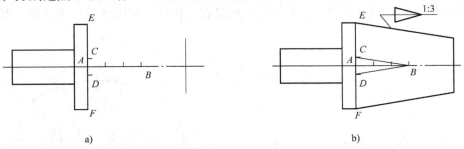

图 1-25　锥度的画法

图样上锥度的标注方法如图 1-25b 所示（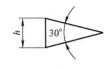），符号"▷—"的方向与锥度方向一致。

在标注中锥度符号的画法如图 1-26 所示，图中 h = 字高，符号线宽 = $h/10$。

图 1-26　锥度符号

1.3.4　圆弧连接

在实际零件上，经常会遇到由一表面（平面或曲面）光滑地过渡到另一表面的情况（图 1-27a），这种光滑过渡称为面面相切。而反映在投影图上一般为两线段相切（图 1-27b），在制图中将这种相切称为连接，切点为连接点。

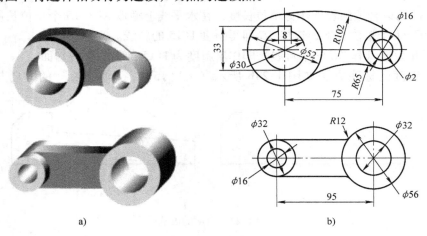

图 1-27　圆弧连接实例

a）直观图　b）平面图（圆弧连接）

1. 圆弧连接的基本原理

画连接圆弧时，需要用到平面几何中以下两条原理。

1）与已知直线相切且半径为 R 的圆弧，其圆心轨迹为与已知直线平行且距离为 R 的两直线，连接点为圆心向已知直线所作垂线的垂足，如图 1-28a 所示。

2）与已知圆弧相切的圆弧，其圆心轨迹为已知圆弧的同心圆。外切时（图 1-28b），其半径为连接圆弧与已知圆弧的半径之和；内切时（图 1-28c），其半径为连接圆弧与已知圆弧的半径之差。外切时，其连接点为连心线与已知圆弧的交点；内切时，其连接点为连心线的延长线与已知圆弧的交点。

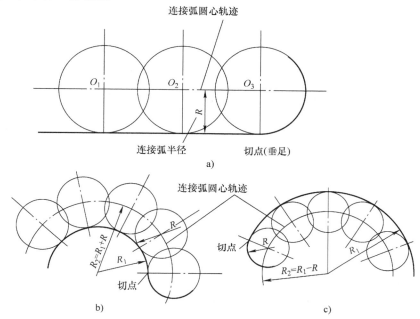

图 1-28　求连接圆弧的圆心和切点的基本作图原理

2. 圆弧连接的作图方法

圆弧连接关系的实质上是圆弧与圆弧或圆弧与直线间的相切关系。由图 1-28 可知，圆弧连接的作图步骤为：

1）求出连接弧的圆心。

2）定出切点的位置。

3）准确地画出连接圆弧（不超过切点）。

各种圆弧连接的作图方法举例如下。

例 1-1　用半径为 R 的圆弧连接两已知直线，如图 1-29 所示。

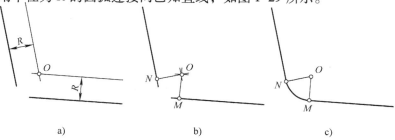

图 1-29　用圆弧连接已知两直线
a）求圆心　b）求切点　c）画连接弧

作图步骤：

（1）求圆心　分别作与已知直线相距为 R 的平行线，其交点 O 即为连接圆弧（半径 R）的圆心。

（2）求切点　自点 O 分别向已知直线作垂线，得到的垂足 N 和 M，即为切点。

（3）画连接圆弧　以点 O 为圆心，R 为半径，自点 N 至 M 画圆弧，即完成作图。

例1-2　用半径为 R 的圆弧连接已知直线 AB 和圆弧（半径 R_1），如图1-30所示。

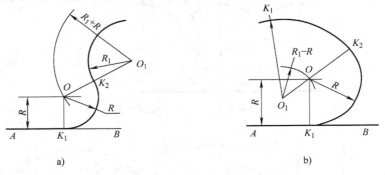

图1-30　用圆弧连接直线和圆弧

作图步骤：

（1）求圆心　作与已知直线 AB 相距为 R 的平行线；再以已知圆弧（半径 R_1）的圆心 O_1 为圆心，$R_1 + R$（外切时，图1-30a）或 $R_1 - R$（内切时，图1-30b）为半径画弧，此圆弧与所作平行线的交点 O 即为连接圆弧（半径 R）的圆心。

（2）求切点　自点 O 向直线 AB 作垂线，得垂足 K_1；再作两圆心连线 O_1O（外切时）或两圆心连线 O_1O 的延长线（内切时），与已知圆弧（半径 R_1）相交于点 K_2，则 K_1、K_2 即为切点。

（3）画连接圆弧　以 O 为圆心、R 为半径，自点 K_1 至 K_2 画圆弧，即完成作图。

例1-3　用半径为 R 的圆弧连接两已知圆弧（R_1、R_2），如图1-31所示。

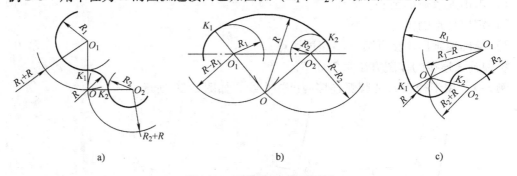

图1-31　用圆弧连接两圆弧

作图步骤：

（1）求圆心　分别以 O_1、O_2 为圆心，$R_1 + R$ 和 $R_2 + R$（外切时，图1-31a）或 $R - R_1$ 和 $R - R_2$（内切时，图1-31b）或 $R_1 - R$ 和 $R_2 + R$（内切、外切，图1-31c）为半径画圆弧，得交点 O，即为连接圆弧（半径 R）的圆心。

（2）求切点　作两圆心连线 O_1O、O_2O 或 O_1O、O_2O 的延长线，与两已知圆弧（半径 R_1、R_2）相交于点 K_1、K_2，则 K_1、K_2 即为切点。

（3）画连接圆弧　以 O 为圆心，R 为半径，自点 K_1 至 K_2 画圆弧，即完成作图。

1.4　平面图形的绘制方法

平面图形是由直线和曲线按照一定的几何关系绘制而成的。要正确绘制一个平面图形，就必须先对平面图形中各尺寸的作用、各线段的性质以及它们间的相互关系进行分析，在此基础上才能确定正确的画图步骤及正确、完整地标注尺寸。

1.4.1　平面图形的尺寸分析

尺寸按其在平面图形中所起的作用，可分为定形尺寸和定位尺寸两类。要想确定平面图形中线段的相对位置，必须引入尺寸基准的概念。

尺寸基准是确定尺寸大小和位置所依据的几何要素。对于二维图形，需要两个方向的基准，即水平方向和竖直方向。一般平面图形中，常选用作为尺寸基准的要素有对称图形的对称中心线、主要的轮廓线等。如图 1-32 所示的手柄是以水平中心线和左侧 $\phi 19$ 端面作为水平方向和竖直方向的尺寸基准。

1. 定形尺寸

定形尺寸是确定平面图形中各几何元素形状大小的尺寸，如直线长度、角度的大小以及圆弧的直径或半径等。如图 1-32 中的尺寸 $\phi 11$、$\phi 19$、$R5.5$、14 等均为定形尺寸。

2. 定位尺寸

定位尺寸是确定平面图形中各几何元素相对位置的尺寸。如图 1-32 中的尺寸 80、$\phi 26$ 等均为定位尺寸。

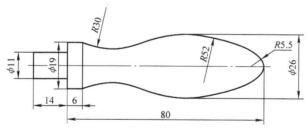

图 1-32　手柄

1.4.2　平面图形的线段分析

平面图形的线段根据所给的定形尺寸和定位尺寸是否齐全，可以分为已知线段、中间线段和连接线段三类。

1. 已知线段

定形尺寸和定位尺寸齐全，可直接画出的线段为已知线段，图 1-33 中的 $\phi 19$、$\phi 11$ 的直线及 $R5.5$ 的圆弧便是已知线段。

2. 中间线段

定形尺寸齐全，缺少一个定位尺寸，但可根据与相邻线段的连接关系画出的线段称为中间线段，图 1-33 中的 R52 圆弧便是中间线段。

3. 连接线段

只有定形尺寸而无定位尺寸的线段称为连接线段，连接线段只能在其他线段画出后根据两线段相切的几何条件画出，图 1-33 中的 R30 的圆弧便是连接线段。

1.4.3 平面图形的绘制

平面图形是由很多线段连接而成的，画平面图形时应该从哪里着手往往并不明确，因此需要通过分析图形及其尺寸了解它的画法。

平面图形的作图步骤如下（图 1-33）。

1）分析图形。根据所标注尺寸确定哪些是已知线段，哪些是中间线段，哪些是连接线段。

2）画出已知线段。画出 $\phi19$、$\phi11$ 的直线及 R5.5 的圆弧。

3）画出中间线段。画出 R52 圆弧。

4）最后作出连接线段。画出 R30 的圆弧。

5）擦除多余的图线，按线型要求加深、加粗图线，完成全图。

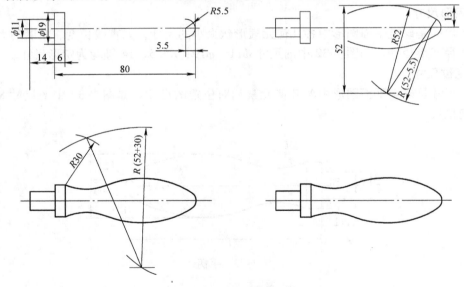

图 1-33 手柄的作图步骤

第2章 基本几何体三视图的绘制与识读

【知识目标】

掌握三视图的相关知识；掌握基本几何体的投影及其表面取点的作图方法；掌握切割体三视图的绘制与识读知识；掌握相贯体三视图的绘制与识读知识；掌握基本体、切割体、相贯体尺寸标注的相关知识。

【能力目标】

具有识读与绘制基本体、切割体、相贯体三视图的能力；具有分析与标注基本体、切割体、相贯体尺寸的能力。

2.1 正投影法及三视图

2.1.1 投影法的概述及分类

1. 投影法的概念

物体在光线照射下会在地面或墙壁上产生影子，这就是常见的投影现象。人们根据生产活动的需要，对这种现象加以抽象和总结，逐步形成了投影法。

在图 2-1a 中，$\triangle ABC$ 被光源 S（如灯泡）照射，就在平面 P 上得到其投影 $\triangle abc$。其中，光源 S 称为投射中心，光线 SA、SB 和 SC 称为投射线，投射线的方向称为投射方向，P 平面称为投影面。投射线 SA、SB 和 SC 与投影面的交点 a、b 和 c，为点 A、B、C 在 P 平面上的投影。连接点 a、b、c 所得 $\triangle abc$ 即为 $\triangle ABC$ 在投影面 P 上的投影。

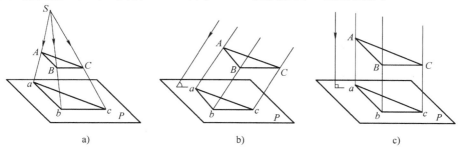

图 2-1 投影法

a）中心投影法 b）平行投影法—斜投影 c）平行投影法—正投影

这种用投射线通过物体，向选定的面投射，并在该面上得到图形的方法称为投影法。

2. 投影法的分类

根据投射线是否平行，投影法分为中心投影法和平行投影法两大类。

（1）中心投影法（图2-1a）　投射线汇交于一点的投影法称为中心投影法。用中心投影法得到的投影称为中心投影。中心投影法作图复杂且度量性差，但图形富有立体感，常用于绘制建筑物和产品的透视图。

（2）平行投影法　所有的投射线互相平行的投影法称为平行投影法。

根据投射线与投影面是否垂直，平行投影法又可以分为斜投影法和正投影法两种。

1）斜投影法（图2-1b）——投射方向倾斜于投影面。

2）正投影法（图2-1c）——投射方向垂直于投影面。

由于正投影法能反映物体的真实形状和大小，度量性好，便于作图，所以机械图样主要采用正投影法绘制。今后如无特殊说明，本书后述投影均指正投影。

2.1.2　正投影的基本特性

1. 真实性

当直线段或平面与投影面平行时，则直线段的投影反映实长，平面的投影反映实形，如图2-2a所示。

2. 积聚性

当直线段或平面与投影面垂直时，则直线段的投影积聚为一点，平面的投影积聚成一条直线段，如图2-2b所示。

3. 类似性

当直线段或平面与投影面倾斜时，则直线段的投影为小于直线段实长的直线段，平面的投影则为小于平面实形的类似形，如图2-2c所示。

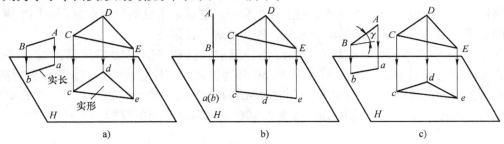

图2-2　正投影的基本性质

a）投影的真实性　b）投影的积聚性　c）投影的类似性

2.1.3　三投影面体系和三视图

1. 三投影面体系

三投影面体系是由三个互相垂直的投影面构成，如图2-3所示。其中处于正立位置的投影面称为正立投影面（用 V 表示，简称正面）；处于水平位置的投影面称为水平投影面（用 H 表示，简称水平面）；处于侧立位置的投影面称为侧立投影面（用 W 表示，简称侧面）。

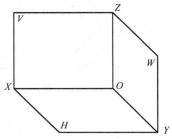

图2-3　三投影面体系

投影面之间的交线称为投影轴，它们分别用 OX、OY、OZ 表示，其中 OX 轴代表长度方向，OY 轴代表宽度方向，OZ 轴代表高度方向，三投影轴的交点称为原点，用 O 表示。

2. 三视图

（1）三视图的形成　将物体置于三投影面体系中，分别向三个投影面投射所得的图形称为物体的三面投影或三视图。从前向后投射，在 V 面上得到的图形称为正面投影或主视图；从上向下投射，在 H 面上得到的图形称为水平投影或俯视图；从左向右投射，在 W 面上得到的图形称为侧面投影或左视图，如图 2-4a 所示。

为了将三个视图画在一张图纸上，国家标准规定：V 面位置保持不动，将 H 面绕 OX 轴向下旋转 $90°$，将 W 面绕 OZ 轴向右旋转 $90°$，使二者与 V 面重合，如图 2-4b、图 2-4c 所示。

再去掉与实体表达无关的投影面标记、边框和投影轴，即形成了物体的三视图，如图 2-4d 所示。

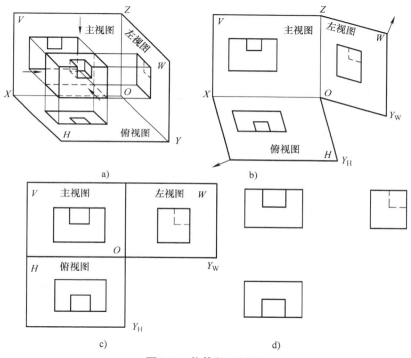

图 2-4　物体的三视图

（2）三视图的投影特性　由图 2-5 可知，三个视图的相对位置关系是：以主视图为准，俯视图在主视图的正下方，左视图在主视图的正右方。主视图和俯视图都反映了物体的长度，主视图和左视图都反映了物体的高度，俯视图和左视图都反映了物体的宽度，三个视图之间存在的对应关系为：主视图和俯视图——长对正；主视图和左视图——高平齐；俯视图和左视图——宽相等。

"长对正、高平齐、宽相等"是三视图的投影特性，也称"三等关系"，它不仅适用于整个物体的投影，也适用于物体表面的点、线、面的

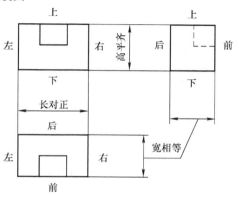

图 2-5　三视图间的投影规律

投影。

注意：俯视图和左视图除了反映相等的宽度外，还具有相同的前后关系，远离主视图的一侧为物体前面，靠近主视图的一侧为物体的后面。

2.2 点、直线、平面的投影

物体的表面由点、线、面等基本几何元素构成，要准确地画出物体的三视图，需要首先明确这些几何元素的投影特性和作图方法，这是绘图和识图的基础。

2.2.1 点的投影

1. 点在三投影面体系中的投影规律

（1）点在三投影面体系中的投影 如图 2-6a 所示，假设空间有一点 A，过点空间点 A 分别向 H 面、V 面和 W 面作垂线，得到三个垂足 a、a'、a''，便是点 A 在三个投影面上的投影。其中，V 面上的投影称为正面投影，记为 a'；H 面上的投影称为水平投影，记为 a；W 面上的投影称为侧面投影，记为 a''。规定用大写字母（如 A）表示空间点，它的水平投影、正面投影和侧面投影，分别用相应的小写字母（如 a、a' 和 a''）表示。

根据三面投影图的形成规律将其展开，可以得到图 2-6b 所示的带边框的三面投影图；省略投影面的边框线，就得到图 2-6c 所示的点 A 的三面投影图。

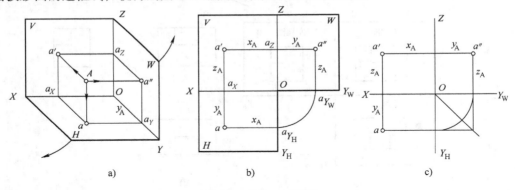

a)   b)   c)

图 2-6 点的三面投影

（2）点在三投影面体系中的投影规律 由图 2-6a 可知，每两条投射线确定一个平面，它们与三根投影轴分别相交于 a_X、a_Y 和 a_Z，构成了以空间点 A 为顶点的长方体，由长方体的几何关系可以得出点在三投影面体系中有如下投影规律：

1）点的正面、水平面投影连线垂直于 OX 轴，即 $aa' \perp OX$ 轴。

2）点的正面、侧面投影连线垂直于 OZ 轴，即 $a'a'' \perp OZ$ 轴。

3）点的水平面投影到 OX 轴的距离，等于侧面投影到 OZ 轴的距离，即 $aa_X = a''a_Z$。

2. 点的投影与坐标

若把三投影面体系看作直角坐标系，把投影面 H、V、W 视为坐标面，投影轴 OX、OY、OZ 视为坐标轴，则空间点 A 到三个坐标面的距离 Aa、Aa'、Aa'' 可用点 A 的三个直角坐标 x_A、y_A、z_A 来表示。

点 A 到 H 面的距离 $Aa = a'a_X = a''a_Y = oa_Z = z_A$

点 A 到 V 面的距离 $Aa' = aa_X = a''a_Z = oa_Y = y_A$

点 A 到 W 面的距离 $Aa'' = a'a_Z = aa_Y = oa_X = x_A$

同时，点的三个投影可以用坐标来确定，即水平投影 a 由 X_A 和 Y_A 确定，正面投影 a' 由 X_A 和 Z_A 确定，侧面投影 a'' 由 Y_A 和 Z_A 确定，如图 2-6b 所示，若已知点的任意两投影就能确定点的三个坐标，且必能作出其第三面投影。

在投影图中，为了表示 $aa_X = a''a_Z$ 的关系，常用过原点 O 的 45°斜线或以 O 为圆心的圆弧把点的水平面投影和侧面投影连接起来，在点的投影图中一般不画投影面边界线，也不必标出 a_X、a_Y、a_Z，如图 2-6c 所示。

例 2-1　已知空间点 A 坐标为（25，15，20），求作该点的三面投影。

解：作图步骤如图 2-7 所示。

1）在 OX 轴上取 $Oa_X = 25$，作 OX 轴的垂线（图 2-7a）。

2）在 OY 轴上取 $Oa_Y = 15$，作 OY_H 轴和 OY_W 轴的垂线，得到交点 a（图 2-7b）。

3）在 OZ 轴上取 $Oa_Z = 20$，作 OZ 轴的垂线，得到交点分别为 a' 和 a''（图 2-7c）。

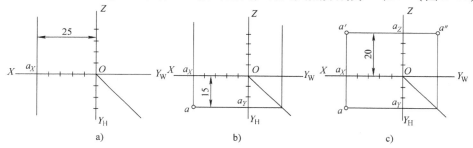

图 2-7　由点的坐标作点的三面投影

例 2-2　已知点 B 的两面投影 b 和 b'，点 C 的两面投影 c' 和 c''，如图 2-8a 所示，试求点 B 和点 C 的第三面投影。

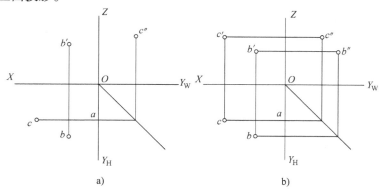

图 2-8　已知点的两个投影求第三个投影

解：作图步骤如图 2-8b 所示。

1）过 b' 作 Z 轴的垂线，过 b 作 Y 轴的垂线，经 45°线转折后交点即为 b''。

2）过 c' 作 X 轴的垂线，过 c'' 作 Y 轴的垂线，经 45°线转折后交点即为 c。

3．两点的空间位置关系

（1）两点的相对位置　空间两点的相对位置是指这两点在空间的左右（X）方向、前后（Y）方向和上下（Z）方向的关系，在投影图中由两点的各同面投影的坐标差确定。在图 2-9 中，$x_A > x_B$ 表示点 A 在点 B 的左方，或者说点 B 在点 A 的右方。以此类推，$y_A < y_B$ 表示点 A 在点 B 的后方；$z_A < z_B$ 表示点 A 在点 B 的下方。故点 A 在点 B 的左方、后方、下方。

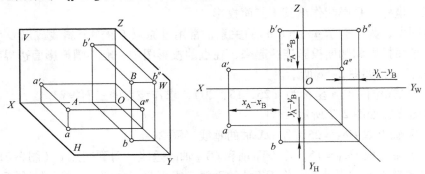

图 2-9　两点的相对位置

（2）重影点　当两点位于某一投影面的同一条投射线上时，则两点在该投影面上的投影重合为一点，称这两点为对该投影面的重影点。显然，两点在某投影面上的投影重合时，它们必有两对相等的坐标。如图 2-10 所示，A、B 两点为对 H 面的重影点，则有 $x_A = x_B$，$y_A = y_B$，$z_A > z_B$。而 C、D 两点则为 V 面的重影点。

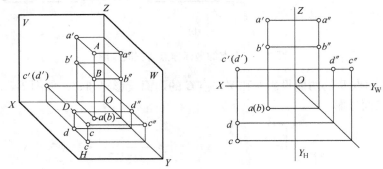

图 2-10　重影点

2.2.2　直线的投影

1．直线投影的作图方法

在三投影面体系中，欲求直线 AB 的三面投影，可分别作出两端点 A、B 的三面投影 a、a'、a'' 和 b、b'、b''；然后用粗实线连接两点的各同面投影，则 ab、$a'b'$ 和 $a''b''$ 即为直线 AB 的三面投影，如图 2-11 所示。

2．直线对投影面的相对位置及其投影特性

根据直线在三投影面的相对位置不同，可将直线分为一般位置直线、投影面平行线和投影面垂直线三类。

（1）投影面平行线的投影　平行于某一投影面且倾斜于另两个投影面的直线称为投影

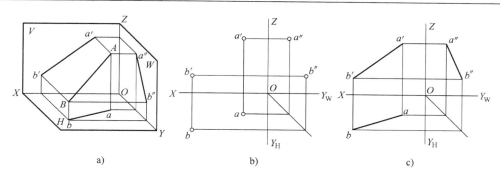

图 2-11　直线的三面投影

面的平行线。投影面平行线又分为水平线（平行于 H 面，倾斜于 V 面和 W 面）、正平线（平行于 V 面，倾斜于 H 面和 W 面）和侧平线（平行于 W 面，倾斜于 H 面和 V 面）三种。表 2-1 列出了它们的立体图、投影图和投影特性。

表 2-1　投影面平行线的投影特性

名称	正平线（//V，对 H、W 倾斜）	水平线（//H，对 V、W 倾斜）	侧平线（//W，对 V、H 倾斜）
轴测图			
投影图			
投影特性	1）$a'b' = AB$ 2）ab//OX，$a''b''$//OZ	1）$ab = AB$ 2）$a'b'$//OX，$a''b''$//OY	1）$a''b'' = AB$ 2）ab//OY，$a'b'$//OZ

综合表 2-1 可知，投影面平行线的投影特性为：

1）投影面平行线在所平行的投影面上的投影反映实长和与另两投影面的真实倾角。

2）直线的另两投影分别平行于相应的投影轴，且均小于实长。

（2）投影面垂直线的投影　垂直于某一投影面（平行于另两投影面）的直线称为投影面的垂直线。投影面的垂直线有铅垂线（垂直于 H 面）、正垂线（垂直于 V 面）和侧垂线（垂直于 W 面）三种。表 2-2 列出了它们的立体图、投影图和投影特性。

表 2-2　投影面垂直线的投影特性

名称	铅垂线（⊥H，∥OZ）	正垂线（⊥V，∥OY）	侧垂线（⊥W，∥OX）
轴测图			
投影图			
投影特性	1）水平投影积聚成一点 2）$a'b'$∥OZ，$a''b''$∥OZ	1）正面投影积聚成一点 2）ab∥OY，$a''b''$∥OY	1）侧面投影积聚成一点 2）ab∥OX，$a'b'$∥OX

综合表 2-2 可知，投影面垂直线的投影特性为：

1）在与之垂直的投影面上的投影为一个点，该点到投影轴的距离等于该直线到另两个投影面的距离。

2）其他两面投影反映其实长且垂直于相应的投影轴。

（3）一般位置直线的投影　对三个投影面都倾斜的直线称为一般位置直线。在图 2-12 中，AB 为一般位置直线，它与 V 面、H 面和 W 面的倾角分别用 α、β 和 γ 表示，一般位置直线的投影特性为：

1）三个面投影都倾斜于投影轴，且投影长度均小于实长。

2）三个投影与各投影轴的夹角不反映直线对投影面的真实倾角。

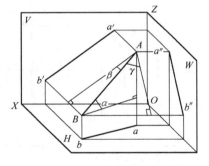

图 2-12　一般位置直线

3. 直线上点的投影

直线上点的投影特性有从属性和定比性两个特性。即点在直线上，则点的投影必在该直线的各同面投影上，且点分直线为两线段，两线段长度之比等于各自投影长度之比。如图 2-13 所示，点 C 在直线 AB 上，则有 $c \in ab$，$c' \in a'b'$，$c'' \in a''b''$，点 C 分直线 AB 为 AC 和 CB 两段，根据定比性有如下关系：

$$AC:CB = ac:cb = a'c':c'b' = a''c'':c''b''$$

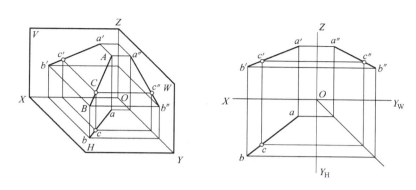

图 2-13　直线上点的投影

在图 2-14a 中，虽然点 K 的两面投影在直线 AB 的两同面投影上，但 AB 为侧平线，故不能简单断定 K 点在 AB 上。一种方法是通过作出点和直线的第三面投影来判断点和直线的关系，如图 2-14b 所示，利用侧面投影判断出点 K 不在直线 AB 上。另一种方法是利用定比性通过几何作图来判断，如图 2-14c 所示，若点 K 在 AB 上，则必有 $ak:kb = a'k':k'b'$。因此自 a 任作一直线 $aB_0 = a'b'$，并取 $aK_0 = a'k'$，连接 B_0b 和 K_0k。因 K_0k 不平行 B_0b，即 $ak:kb \neq a'k':k'b'$，不满足定比性，故点 K 不在直线 AB 上。

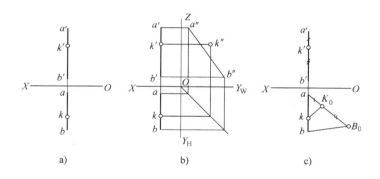

图 2-14　判断点 K 是否在直线 AB 上

2.2.3　平面的投影

1. 空间平面对三投影面的相对位置及其投影特性

根据空间平面在三投影面体系中所处的位置不同，可将空间平面分为一般位置平面、投影面平行面、投影面垂直面三类。其中，后两类平面统称为特殊位置平面。

（1）投影面平行面的投影　平行于某一投影面（垂直于另两投影面）的平面称为该投影面的平行面。投影面平行面有水平面（平行于水平面）、正平面（平行于正面）和侧平面（平行于侧面）三种。表 2-3 列出了它们的立体图、投影图和投影特性。

表 2-3　投影面平行面的投影特性

名称	正平面（ // V，⊥H、W）	水平面（ // H，⊥V、W）	侧平面（ // W，⊥H、V）
立体图	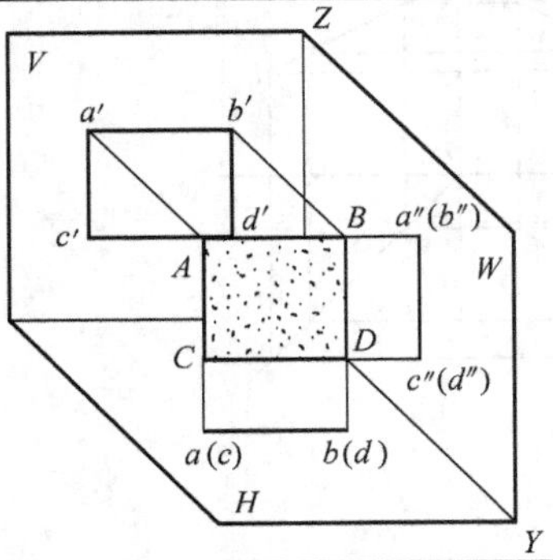	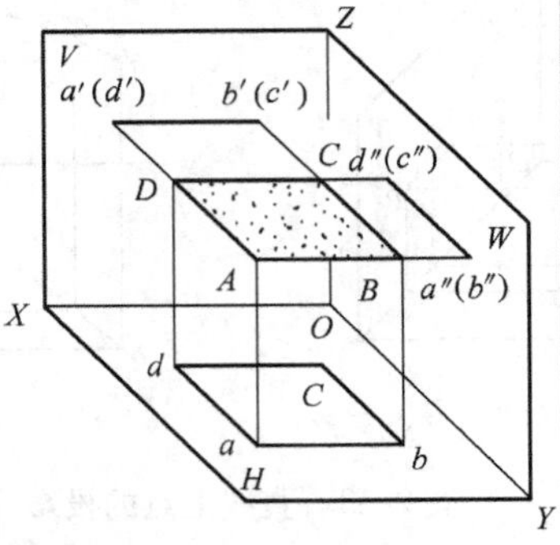	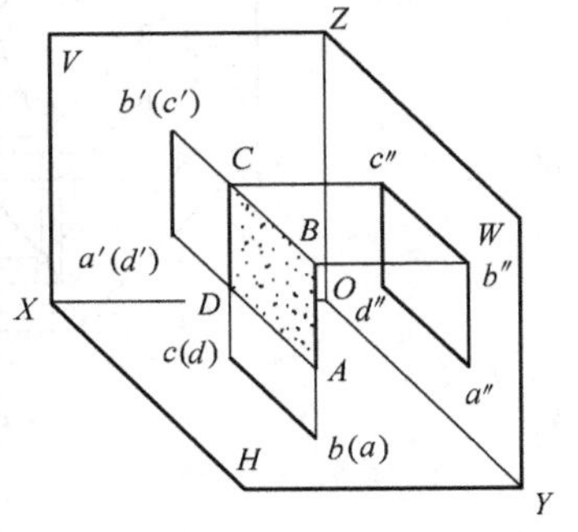
投影图	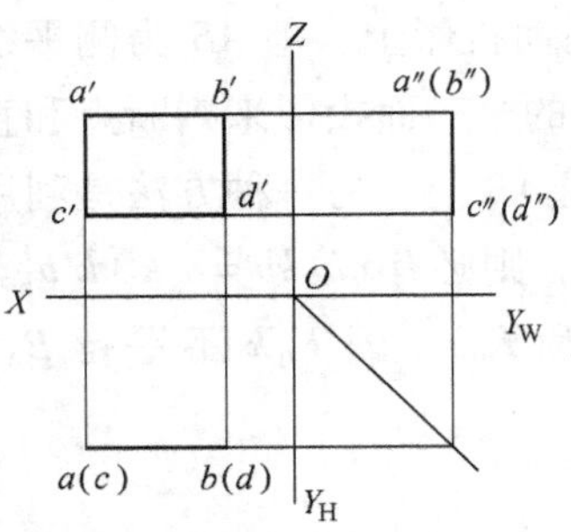	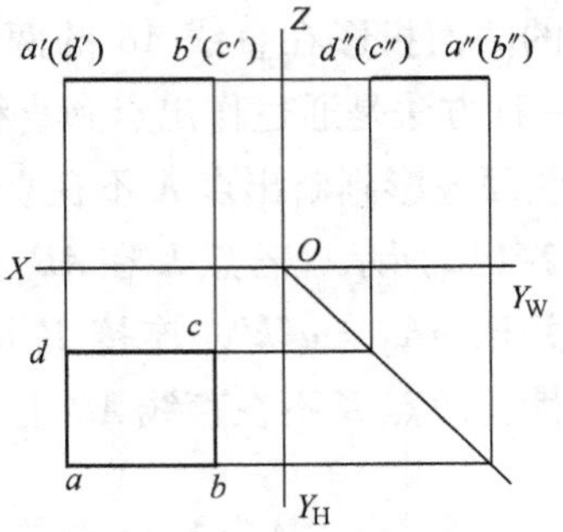	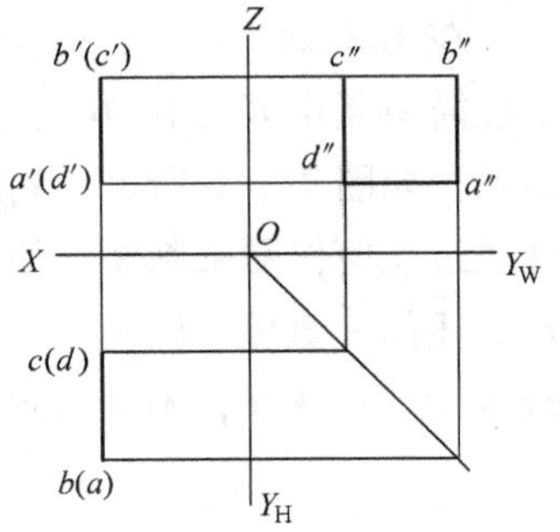
投影特性	在正面上的投影为实形，其他两面的投影为直线且平行于相应投影面与正面所夹的投影轴	在水平面上的投影为实形，其他两面的投影为直线且平行于相应投影面与水平面所夹的投影轴	在侧面上的投影为实形，其他两面的投影为直线且平行于相应投影面与侧面所夹的投影轴

综合表 2-3 可知，投影面平行面的投影特性为：

1）投影面平行面在与之相平行的投影面上的投影为实形。

2）投影面平行面其他两面的投影为直线并平行于相应投影轴。

（2）投影面垂直面的投影　垂直于某一投影面且倾斜于另两个投影面的平面称为投影面的垂直面。投影面垂直面有铅垂面（垂直于 H 面，倾斜于 V 面和 W 面）、正垂面（垂直于 V 面，倾斜于 H 面和 W 面）和侧垂面（垂直于 W 面，倾斜于 V 面和 H 面）三种。表 2-4 列出了它们的立体图、投影图和投影特性。

表 2-4　投影面垂直面的投影特性

名称	正垂面（⊥V，与 H、W 倾斜）	铅垂面（⊥H，与 V、W 倾斜）	侧垂面（⊥W，与 H、V 倾斜）
立体图	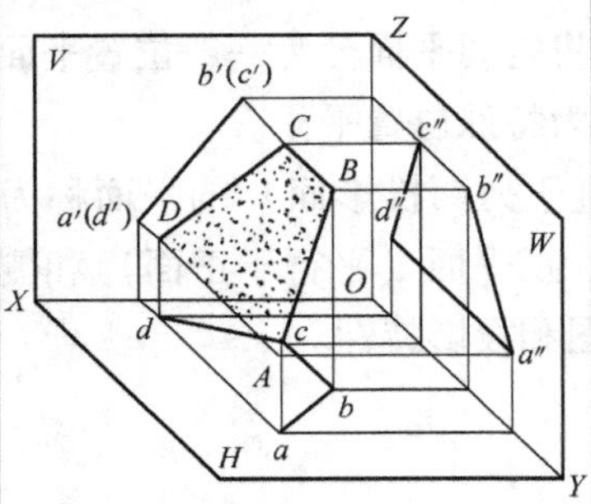	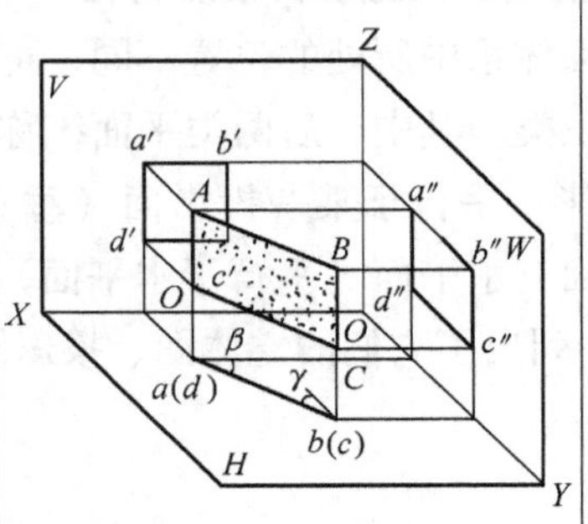	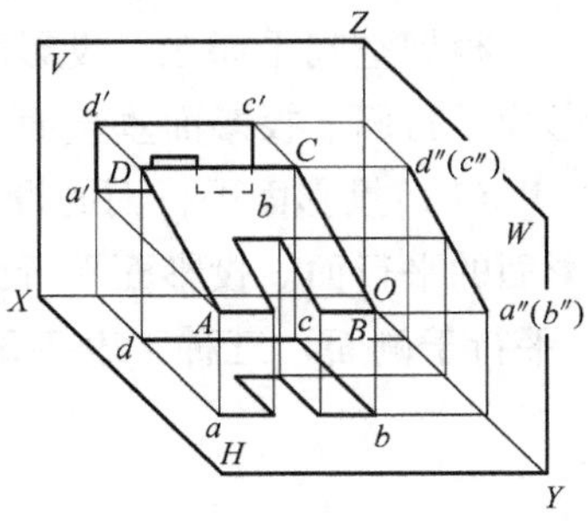

（续）

名称	正垂面（⊥V，与H、W倾斜）	铅垂面（⊥H，与V、W倾斜）	侧垂面（⊥W，与H、V倾斜）
投影图			
投影特性	在正面上投影积聚为直线，该直线与X轴、Z轴的夹角反映该平面与水平面和侧面的倾角；其他两面的投影为类似形	在水平面上投影积聚为直线，该直线与X轴、Y轴的夹角反映该平面与正面和侧面的倾角；其他两面的投影为类似形	在侧面上投影积聚为直线，该直线与Y轴、Z轴的夹角反映该平面与水平面和正面的倾角；其他两面的投影为类似形

综合表 2-4 可知，投影面垂直面的投影特性为：

1）投影面垂直面在与之相垂直的投影面上投影为直线，该直线与投影轴的夹角反映该平面与相邻投影面的倾角。

2）投影面垂直面的其他两面投影为类似形。

（3）一般位置平面的投影　相对三个投影面都倾斜的平面称为一般位置平面。如图 2-15 所示，平面 SAB 对 H、V、W 三面都倾斜，故其三个投影面的投影都是缩小的类似形。

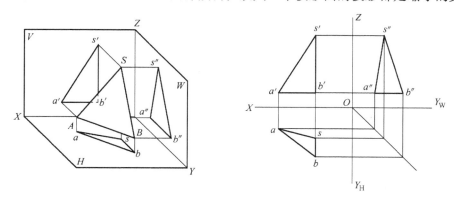

图 2-15　一般位置平面

2. 平面上的直线和点的投影

由立体几何原理可知，直线和点位于平面上的条件为：

1）直线若经过平面内任意两点或过平面内一点且平行于平面内另一直线时，则此直线一定在该平面内。

2）若点在平面内，则必在平面内的某一直线上。

在平面内取直线，需要通过该平面内的两点，或通过该平面内一点，且平行于该平面内的一直线，如图 2-16a 所示。

在图 2-16b 中，因点 M 和 N 分别在 AB 和 BC 上，所以过点 MN 的直线必在由 AB 和 BC 所确定的平面内。如过点 C 作直线 CF 平行于直线 AB，即 $cf /\!/ ab$，$c'f' /\!/ a'b'$，则直线 CF 也必在由 AB 和 BC 确定的平面内。

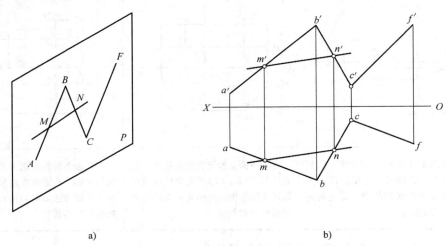

a)　　　　　　　　　　　　　　　　　b)

图 2-16　在平面内取直线

例 2-3　如图 2-17a 所示，已知平面 ABC 和该平面上一点 M 的水平面投影 m，求作点 M 的正面投影 m'。

解： 在水平投影 abc 上过 m 和任一顶点（如点 b）作一辅助线交 ac 于点 n，求 n'，连接 b' 和 n'，过 m 作 OX 轴的垂线并延长与 $b'n'$ 相交，交点即为 M 的正面投影 m'，如图 2-17b 所示。

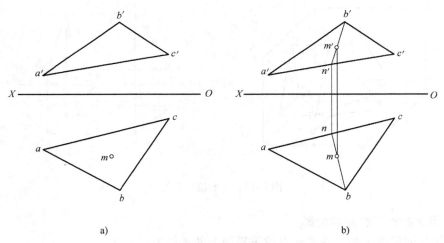

a)　　　　　　　　　　　　　　　　　b)

图 2-17　平面上取点

2.3　平面体及平面切割体三视图的绘制与识读

任何复杂的形体都是由比较简单的形体组成，这些简单的形体称为基本体。基本体有平面体和曲面体两类。表面均为平面的立体称为平面体，表面为曲面或平面与曲面组合的立体称为曲面体。

常见的平面体主要有棱柱和棱锥，它们的表面都是平面，平面与平面的交线称为棱线，棱线与棱线的交线称为顶点。所以，绘制平面体的投影就是把组成立体的平面和棱线表示出来，并判别其可见性，可见的棱线用实线画出，不可见的棱线用虚线画出。

2.3.1　棱柱及棱柱切割体的三视图

1. 棱柱的三视图

（1）棱柱的投影分析　棱柱是由两个多边形底面和相应的棱面包围形成的，下面以正六棱柱为例说明其投影特性及表面上取点的方法。

图 2-18a 所示为正六棱柱的投影。正六棱柱由上、下两个底面（正六边形）和六个棱面（长方形）组成。将其放置成上、下底面与水平面平行，并有两个棱面平行于正面的形式。

正六棱柱上、下两底面均为水平面，它们的水平投影重合并反映实形，正面及侧面投影积聚为两条相互平行的直线。六个棱面中的前、后两个面为正平面，它们的正面投影反映实形，水平投影及侧面投影积聚为一直线。其他四个棱面均为铅垂面，其水平投影均积聚为直线，正面投影和侧面投影均为类似形。

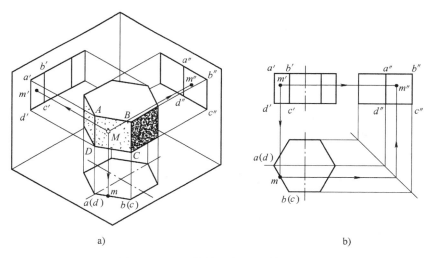

图 2-18　正六棱柱的投影及表面取点

（2）棱柱三视图的画法　画图时，应先画反映底面实形的视图，再按投影关系画出另外两视图。由于图形对称，故需用点画线画出对称中心线，具体画图方法和步骤如图 2-19 所示。

（3）棱柱表面取点　在棱柱表面上取点，其原理和方法与在平面上取点相同。正棱柱的各个表面都处于特殊位置，因此在其表面上取点均可利用平面投影积聚性的原理作图，找点并标明可见性。如图 2-18b 所示，已知棱柱表面上点 M 的正面投影 m'，求作其他两面投影 m、m''。因为 m' 可见，所以点 M 必在面 $ABCD$ 上。此棱面是铅垂面，其水平投影积聚成一条直线，故点 M 的水平投影 m 必在此直线上，再根据 m、m' 可求出 m''。由于面 $ABCD$ 的

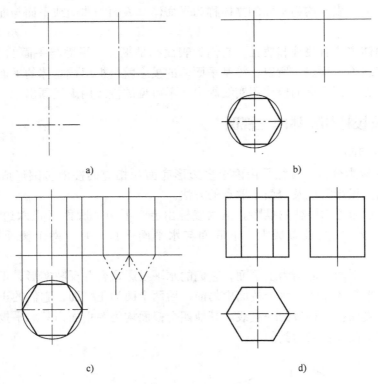

图 2-19　正六棱柱的画图方法和步骤

a）画出对称中心线并确定棱柱的高度　b）画出正六边形的外接圆，完成正六边形
c）根据"长对正，宽相等"确定正六棱柱各棱线的正面和侧面投影　d）擦除多余线段，加粗各线段，完成全图

侧面投影为可见，故 m'' 也为可见。

特别强调：点与积聚成直线的平面重影时，不加括号。

2. 棱柱切割体的三视图

在工程实际中，还会经常看到立体被平面或曲面截切的结构，基本体被平面截切后的不完整物体称为切割体，平面立体被截切形成的切割体称为平面切割体，曲面立体被截切形成的切割体为曲面切割体，截切基本体的平面称为截平面，截平面与物体表面的交线称为截交线，它上面的点既在截平面上又在立体表面上，是二者共有的点，截交线围成的封闭线框称为截断面，如图 2-20 所示。

因为截交线是截平面与立体表面的共有线，所以求作截交线的实质，就是求出截平面与立体表面的共有点。

例 2-4　求作正六棱柱斜切后的三视图。

解：如图 2-21a 所示，由于正六棱柱被正垂面 P 所截切，正六棱柱与 P 面的交线为一个封闭的六边形 $ABCDEF$，其顶点就是截平面与各棱线的交点。

作图时，先利用积聚性作出截平面 P 与正六棱柱各棱线交点的正面投影 a'、b'、c'、d'、

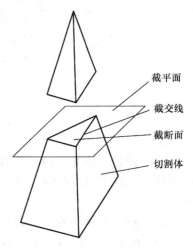

图 2-20　截交线与截平面

e'、f'，对应的水平投影为 a、b、c、d、e、f，然后根据点的投影规律求出各交点的侧面投影 a''、b''、c''、d''、e''、f''，依次连接各点即为所求截交线的投影，如图 2-21b 所示。

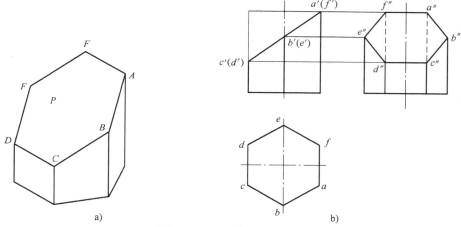

图 2-21　正六棱柱的截交线

当用两个以上平面截切棱柱时，在棱柱上会出现切口、凹槽或穿孔等。作图时，只要作出各个截平面与棱柱的截交线，并画出各截平面之间的交线，就可作出这些截切体的投影。

例 2-5　求作带切口的正五棱柱的三视图。

解： 如图 2-22a 所示，由于正五棱柱被正平面 P 和侧垂面 Q 所截切，正五棱柱与 P 面的交线为 $BAFG$，与 Q 面的交线为 $BCDEG$，P、Q 两截平面的交线为 BG。

由于截交线 $BAFG$ 在正平面 P 上，其水平投影积聚成直线段 a（b）f（g），侧面投影积聚成直线段 a''（f''）b''（g''）；而截交线 $BCDEG$ 属于五棱柱的棱面，也属于侧垂面 Q，所以其水平投影积聚在水平面正五边形边上，侧面投影积聚成直线段 b''（g''）c''（e''）d''。作图时，只要分别求出五棱柱上点 A、B、C、D、E、F、G 的三面投影，然后顺序连接各点的同面投影即可，如图 2-22b 所示。

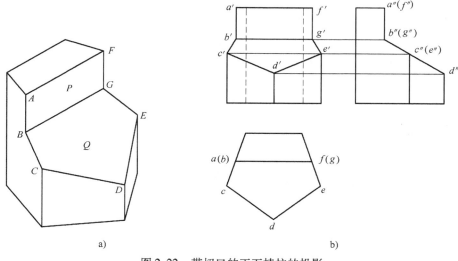

图 2-22　带切口的正五棱柱的投影

2.3.2 棱锥及棱锥切割体的三视图

1. 棱锥的三视图

棱锥只有一个底面，且全部棱线交于一点，该点称为锥顶点，常见的棱锥有三棱锥和四棱锥。

（1）棱锥的投影分析 图 2-23a 所示为正三棱锥投影，它的表面由一个底面（正三角形）和三个侧棱面（等腰三角形）围成，将其放置成底面与水平面平行，并有一个棱面垂直于侧面。

由于棱锥底面 $\triangle ABC$ 为水平面，所以它的水平投影反映实形，正面投影和侧面投影分别积聚为直线段 $a'b'c'$ 和 $a''（c''）b''$。棱面 $\triangle SAC$ 为侧垂面，它的侧面投影积聚为一段斜线 $s''a''（c''）$，正面投影和水平投影为类似形 $\triangle s'a'c'$ 和 $\triangle sac$，前者为不可见，后者可见。棱面 $\triangle SAB$ 和 $\triangle SBC$ 均为一般位置平面，它们的三面投影均为类似形。

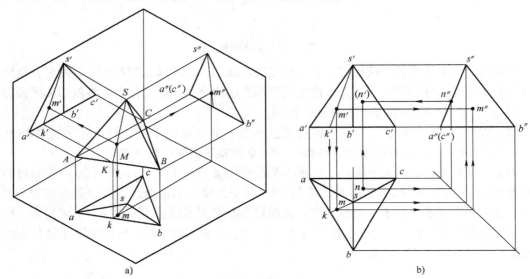

图 2-23　正三棱锥的投影及表面取点

（2）棱锥三视图的画法 作图时，先画出底面 $\triangle ABC$ 的各面投影，再作出锥顶点 S 的各面投影，然后连接各条棱线，即得正三棱锥的三面投影，如图 2-23b 所示。

（3）棱锥表面取点 首先确定点位于棱锥的哪个平面上，再分析该平面的投影特性。若该平面为特殊位置平面，可利用投影的积聚性直接求得点的投影；若该平面为一般位置平面，可通过辅助线法求得。

如图 2-23 所示，已知正三棱锥表面上点 M 的正面投影 m' 和点 N 的水平面投影 n，求作 M、N 两点的其余投影。

因为 m' 可见，因此点 M 必定在 $\triangle SAB$ 上。$\triangle SAB$ 是一般位置平面，采用辅助线法求点的投影。过点 M 及锥顶点 S 作一条直线 SK，与底边 AB 交于点 K。即在图 2-23b 中过 m' 作 $s'k'$，再作出其水平投影 sk。由于点 M 属于直线 SK，根据点在直线上的从属性质可知 m 必在 sk 上，求出水平投影 m，再根据 m、m' 可求出 m''。

因为点 N 不可见，故点 N 必定在棱面 $\triangle SAC$ 上。棱面 $\triangle SAC$ 为侧垂面，它的侧面投影积聚为直线段 $s''a''（c''）$，因此 n'' 必在 $s''a''（c''）$ 上，由 n、n'' 即可求出 n'。

2. 棱锥切割体的三视图

棱锥体被平面所截切，同样会得到截交线，如图 2-24a 所示，求作正垂面 P 斜切正四棱锥的截交线。

由于截平面 P 与棱锥的四条棱线相交，可判定截交线是四边形，其四个顶点分别是四条棱线与截平面的交点。因此，只要求出截交线的四个顶点在各投影面上的投影，然后依次连接顶点的同面投影，即得截交线的投影，如图 2-24b 所示。

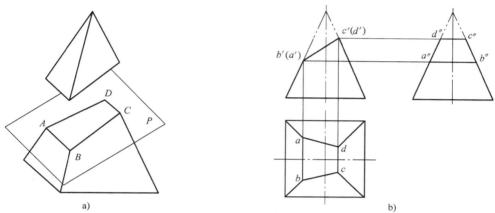

图 2-24　四棱锥的截交线

例 2-6　求作带切口正三棱锥的投影。

解： 如图 2-25a 所示，该正三棱锥的切口是由两个相交的截平面切割而形成的。两个截平面一个是水平面，一个是正垂面，它们都垂直于正面，因此切口的正面投影具有积聚性。水平截面与三棱锥的底面平行，因此它与棱面 $\triangle SAB$ 和 $\triangle SAC$ 的交线 DE、EF 必分别平行与底边 AB 和 AC，水平截面的侧面投影积聚成一条直线。正垂截面分别与棱面 $\triangle SAB$ 和 $\triangle SAC$ 交于直线 GD、GF。由于两个截平面都垂直于正面，所以两截平面的交线一定是正垂线，作出以上交线的投影即可得出所求投影，如图 2-25b 所示。

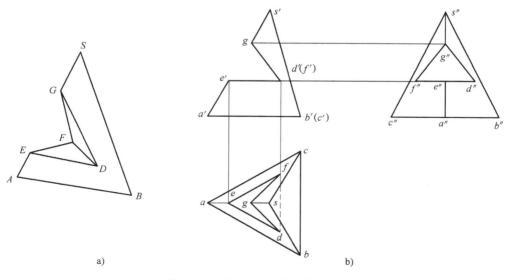

图 2-25　带切口正三棱锥的投影

2.4　曲面体及曲面切割体三视图的绘制与识读

曲面体是由曲面或由曲面和平面围成的实体，常见的曲面体是回转体，如圆柱、圆锥、圆球等。回转体由回转面或由回转面和平面组成。

回转面是指由母线（直线或曲线）绕回转轴线旋转而成的曲面。母线在回转面上的任一位置称为素线。对于投影面，回转面可见部分与不可见部分的分界线称为转向轮廓线。在作回转面的投影时，不必将其所有素线绘出，只需绘出其转向轮廓线的投影即可。

2.4.1　圆柱及圆柱切割体的三视图

1. 圆柱的形成及其三视图

圆柱面可以看作是由直线 AA' 绕与它平行的轴线 OO' 旋转而成，如图 2-26a 所示。圆柱体表面是由圆柱面和上、下两底面所组成的。

当圆柱的轴线垂直于 H 面，圆柱面上所有素线都垂直于水平面，圆柱面的水平投影积聚在圆周上，圆柱面正面投影中的轮廓线是圆柱面上最左和最右两条素线的投影，侧面投影中的轮廓线是圆柱面上最前和最后两条素线的投影；圆柱体的上、下底面与水平面平行，水平投影为圆（实形），其他两面投影为直线。由此可见，圆柱的正面和侧面投影是由上、下底面的投影积聚线和圆柱面的转向轮廓线组成的两个全等矩形，水平投影为圆，如图 2-26b 所示。

画图时，首先要画出轴线的投影，其次画出投影为圆的水平投影，最后画其余两面投影。

注意：图中表达回转体时，必须画出轴线和对称中心线。根据制图的规定，表示轴线和对称中心线时图中用细点画线画出，且要超出轮廓线 2～5mm，如图 2-26c 所示。

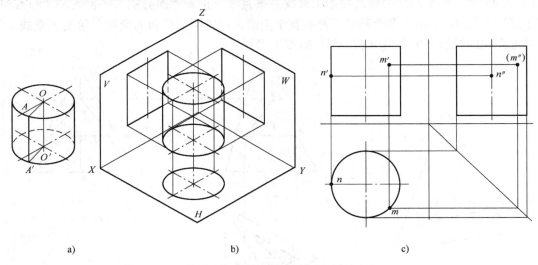

a)　　　　　　　　　　　　b)　　　　　　　　　　　　c)

图 2-26　圆柱的投影及表面取点

2. 圆柱表面上取点

如图 2-26c 所示，已知圆柱面上一点 M 的正面投影 m'，求作它的水平投影 m 和侧面投影 m''。由于圆柱面的水平投影积聚为一个圆，因此 m 应在圆柱面水平投影积聚圆的圆周上，

再根据 m'、m 即可求得 m''。

3. 圆柱截切体的三视图

根据截平面与圆柱轴线的相对位置不同，平面截切圆柱所得的截交线有矩形、圆及椭圆三种，见表 2-5。

表 2-5　平面与圆柱的截交线

截平面位置	平行于轴线	垂直于轴线	倾斜于轴线
截交线形状	矩形	圆	椭圆
空间形状	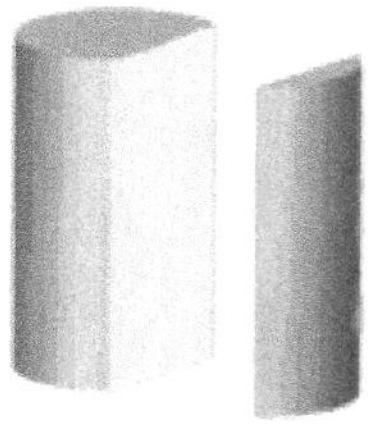		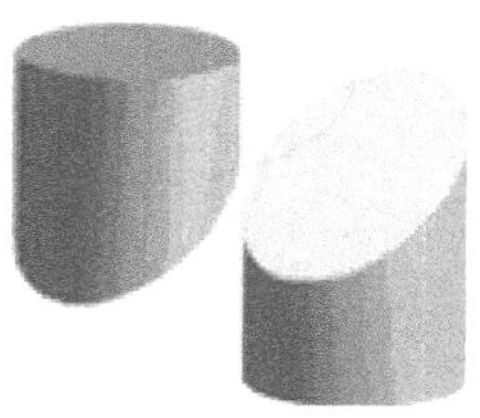
投影图	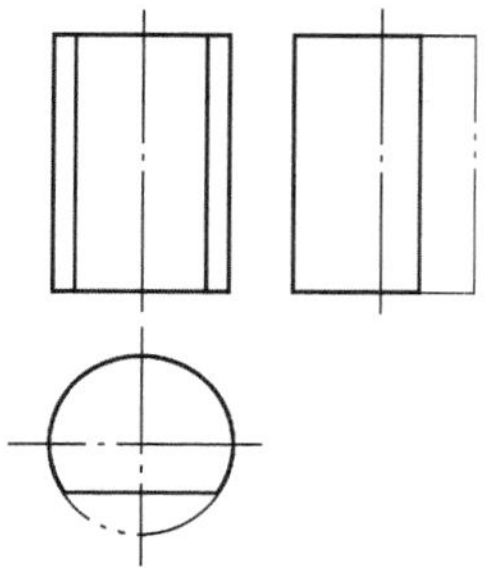	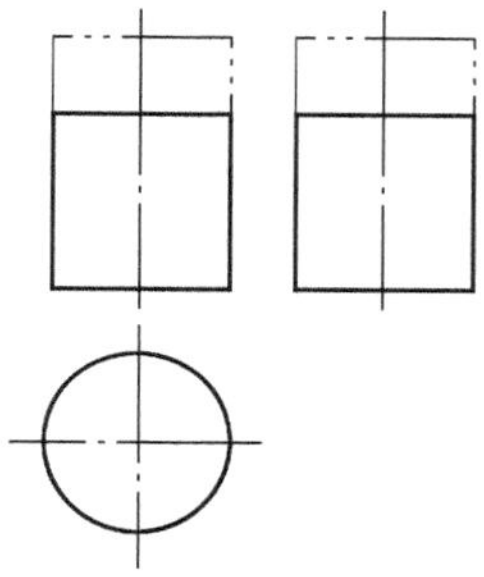	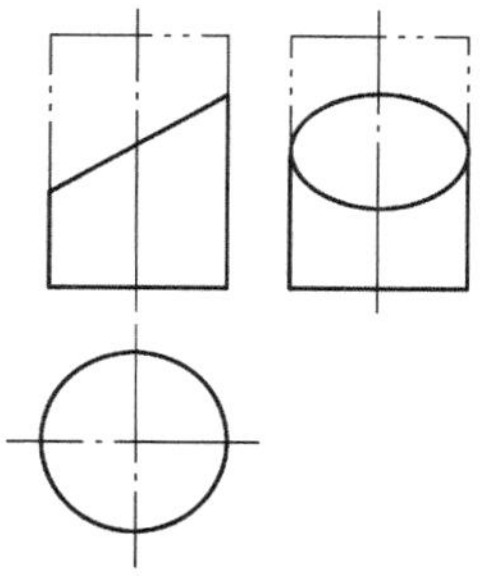

例 2-7　求作图 2-27a 所示斜切圆柱的截交线。

解：圆柱被正垂面 P 截切，由于截平面 P 与圆柱轴线斜交，故所得截交线是一椭圆，它既位于截平面 P 上，又位于圆柱面上。因截平面 P 在 V 面上的投影有积聚性，故截交线的 V 面投影应与 P 重合。圆柱面的 H 面投影有积聚性，截交线的 H 面投影与圆柱面的 H 面投影重合，所以，只需求出截交线的 W 面投影。求解的步骤如图 2-27b 所示。

1）求特殊位置点的投影。正面和侧面投影的转向轮廓线与截平面的交点是截交线椭圆长轴和短轴的端点，是椭圆的上、下、左、右、前、后点，是椭圆曲线的转向点，这些点控制了椭圆的范围。

2）求一般位置点的投影。在椭圆的已知投影上任意取一点，求出它的侧面投影。只有一般位置点的投影可求，整个曲线的投影才能可求。取点的密度越大，曲线越准确。

3）依次光滑连接各点，即得截交线的侧面投影图。

4）整理轮廓线。擦除辅助线，加粗轮廓线。如果单纯求解截交线应保留作图痕迹。

例 2-8　求作圆柱切割后的投影，如图 2-28 所示。

解：如图 2-28a 所示，该圆柱被切去了Ⅰ、Ⅱ、Ⅲ三部分形体。Ⅰ、Ⅱ部分为由两平行于圆柱轴线的平面和一垂直于圆柱轴线的平面切割圆柱，切口为矩形。Ⅲ部分也为由两平行于圆柱轴线的平面和一垂直于圆柱轴线的平面切割圆柱，即在圆柱右端开一个槽，切口亦为矩形。其作图过程如图 2-28 所示。

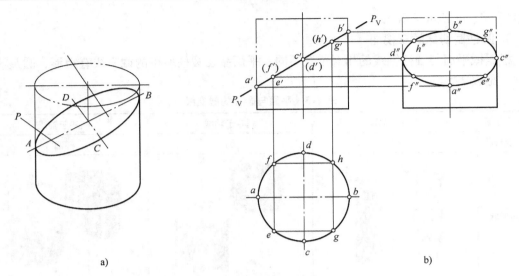

图 2-27　斜切圆柱的截交线

1）画出整个圆柱的三面投影，并切去Ⅰ、Ⅱ部分（图 2-28b）。

2）画切去Ⅲ部分后的投影（图 2-28c）。

3）整理图形，加深、加粗图线（图 2-28d）。

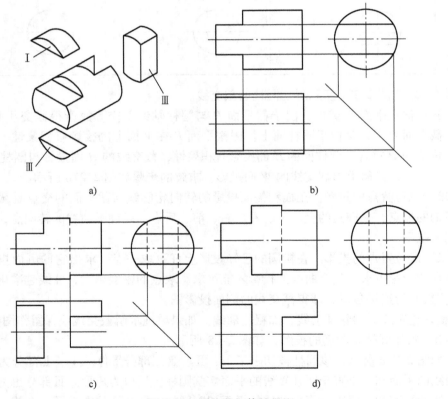

图 2-28　圆柱截切体的投影

a）切割分析　b）画出整圆柱切去Ⅰ、Ⅱ部分后的投影　c）画出切去Ⅲ部分后的投影　d）整理、完成全图

2. 4. 2　圆锥及圆锥切割体的三视图

1. 圆锥体的形成及其三视图

圆锥体的表面由圆锥面和底面构成。如图 2-29a 所示，圆锥面可以看作是直线 SA 绕与其相交的轴线 SO 旋转而成的。

如图 2-29b 所示，圆锥的轴线垂直于水平面，圆锥的水平投影是一个反映底面实形的圆；正面投影为一等腰三角形，三角形的底边是圆锥底面的积聚投影，两腰是圆锥面上最左、最右两条素线的投影；侧面投影也是等腰三角形，三角形的底边是圆锥底面的积聚投影，两腰是圆锥面上最前和最后右两条素线的投影。

绘图时先画中心线，再画投影为圆的水平投影，最后画锥顶和轮廓线的投影，圆锥三视图如图 2-29c 所示。

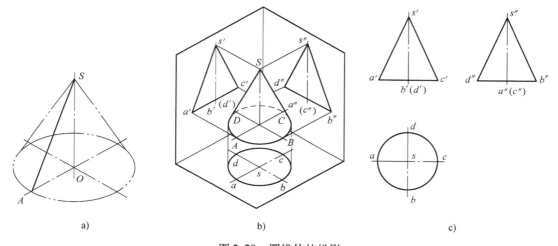

a)　　　　　　　　　　　b)　　　　　　　　　　　c)

图 2-29　圆锥体的投影

2. 圆锥表面上取点

在圆锥表面上取点，除圆锥面上特殊位置的点或底圆平面上的点可直接求出之外，对于一般位置的点，由于圆锥面的投影没有积聚性，因此不能利用积聚性来作图。可以利用圆锥面的形成特性，利用素线法或纬圆法来作图。

如图 2-30 和图 2-31 所示，已知圆锥表面上点 M 的正面投影 m′，求作点 M 的其余两面投影。因为 m′可见，所以 M 必在前半个圆锥面的左边，故可判定点 M 的另两面投影均为可见。作图方法有如下两种。

（1）素线法　如图 2-30 所示，过锥顶 S 和 M 作一直线 SA，与底面交于点 A。点 M 的各个投影必在 SA 的相应投影上。在正面投影中过 m′作 s′a′，然后求出其水平投影 sa。由于点 M 属于直线 SA，根据点在直线上的从属性质可知 m 必在 sa 上，从而求出水平投影 m，再根据 m、m′可求出 m″。

（2）纬圆法　如图 2-31 所示，过圆锥面上点 M 作一垂直于圆锥轴线的辅助圆，点 M 的各个投影必在此辅助圆的相应投影上。在正面投影中过 m′作水平线 a′b′，此为辅助圆的正面投影积聚线。辅助圆的水平投影为一直径等于 a′b′的圆，圆心为 s，由 m′向下引垂线与此圆相交，且根据点 M 的可见性，即可求出 m。然后再由 m′和 m 求出 m″。

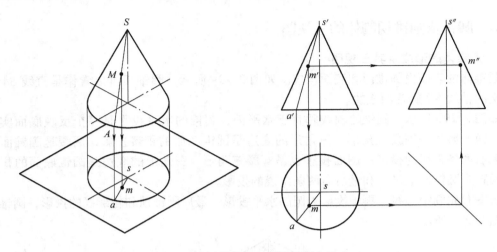

图 2-30　用素线法在圆锥表面上取点

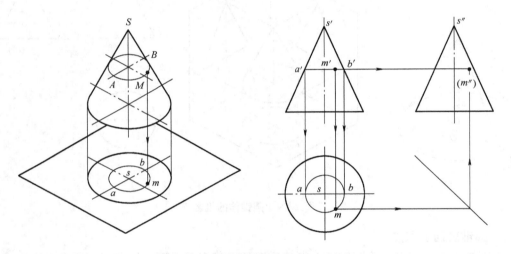

图 2-31　用纬圆法在圆锥表面上取点

3. 圆锥截切体的三视图

根据截平面与圆锥轴线的相对位置不同，圆锥体的截交线有五种情况，见表 2-6。

表 2-6　圆锥体的截交线

截平面的位置	垂直于轴线 $\theta = 90°$	倾斜于轴线且 $\theta > \alpha$	倾斜于轴线且 $\theta = \alpha$	平行于轴线或 $\theta < \alpha$	过锥顶
截交线的形状	圆	椭圆	抛物线	双曲线	三角形
立体图					

（续）

截平面的位置	垂直于轴线 $\theta = 90°$	倾斜于轴线且 $\theta > \alpha$	倾斜于轴线且 $\theta = \alpha$	平行于轴线或 $\theta < \alpha$	过锥顶
截交线的形状	圆	椭圆	抛物线	双曲线	三角形
投影图					

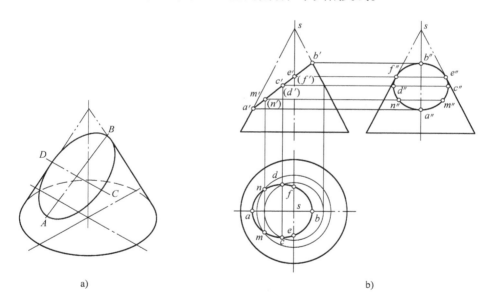

例 2-9　如图 2-32a 所示，圆锥被一正垂面截断，求其截交线。

a)　　　　　　　　　　b)

图 2-32　正垂面截切圆锥

解：如图 2-32a 所示，截交线为一椭圆，它的正面投影积聚成一直线，而其水平投影和侧面投影仍为椭圆。作图时，应先找出椭圆长轴、短轴的端点，然后再适当找一些中间点，将它们光滑地连接起来即可。

作图步骤（图 2-32b）：

1）找特殊位置点。从图 2-32a 可以看出，空间椭圆的长轴 AB 和短轴 CD 互相垂直平分。A、B 两点是截交线上最高、最低点，同时也是最左、最右点。C、D 两点的正面投影位于 $a'b'$ 的中点处，并重影为一点。

E、F 两点是截平面与侧面投影的转向轮廓线的交点，在截切体的侧面投影中 e''、f'' 上部的轮廓线被截切掉。鉴于其作用，也应作为特殊位置点求出。

2）找一般位置点。因为截平面为正垂面，其正面投影积聚为一条直线。所以截交线上的所有点正面投影均在截平面的正面投影积聚线上。在正面投影上取点，利用在圆锥表面取点的方法可以找出它们的其他投影。用同样的方法可以求得一系列的一般点投影，点越多画出的椭圆就越准确。

3）依次光滑连接各点，即得截交线的水平投影和侧面投影。

4）整理轮廓线。

例 2-10　如图 2-33a 所示，圆锥被一正平面切割，求作截交线的投影。

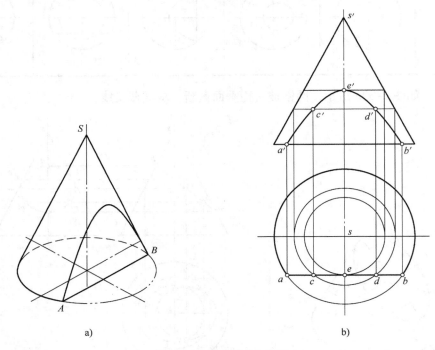

a)　　　　　　　　　　　b)

图 2-33　正平面截切圆锥

由于正平面与圆锥的轴线平行，所以截交线是双曲线。其水平投影积聚在 P_H 上，而它的正面投影则反映实形。

作图步骤（图 2-33b）：

1）找特殊位置点。最低点 A、B 的水平投影 a、b 是截平面 P_H 与圆锥底圆水平投影的交点，由此得出 a'、b'。最高点 E 在侧面投影的转向轮廓线上，图中采用辅助纬圆法求出最高点 E 的正面投影。

2）找一般位置点。一般位置点 C、D 的求法与上面的方法相同。

3）依次光滑连接各点，即得截交线的正面投影。

4）整理轮廓线。

2.4.3　圆球及圆球切割体的三视图

1. 圆球的形成及其三视图

圆球是球面围成的实体。圆球面可看作是一条圆母线绕通过其圆心的轴线回转而成的。

图 2-34 所示为圆球的三面投影。圆球的三面投影都是直径相等的圆，但这三个圆分别表示三个不同方向的圆球面轮廓素线的投影。正面投影上的圆是球面上平行于 V 面的最大圆的投影，它是前面可见半球与后面不可见半球的分界线。与此类似，侧面投影的圆是平行于 W 面的最大圆的投影，是左面可见半球与右面不可见半球的分界线。水平投影的圆是平行于 H 面最大圆的投影，是上半球面可见部分与下半球面不可见部分的分界线。这三个圆素线的其他两面投影，都与相应圆的中心线重合。

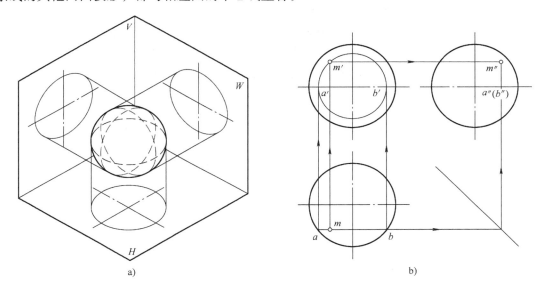

图 2-34　圆球的三视图

作图时，可先确定球心的三面投影，再画出三个与球等直径的圆。

2. 圆球表面上取点

圆球面的投影没有积聚性，作其表面上点的投影需采用辅助圆法，即过该点在球面上作一个平行于任一投影面的辅助圆。

如图 2-34 所示，已知球面上点 M 的水平投影，求作其余两面投影。过点 M 作一平行于正面的辅助圆，它的水平投影为过 m 的直线 ab，正面投影为直径等于 ab 长度的圆。自 m 向上引垂线，在正面投影上与辅助圆相交于两点。又由于 m 可见，故点 M 必在上半个圆周上，据此可确定位置偏上的点即为 m'，再由 m、m' 可求出 m''。

3. 圆球切割体的三视图

平面与圆球的截交线是圆。当截平面平行于投影面时，截交线在该投影面上的投影反映实形，另两面投影积聚成直线。当截平面倾斜于投影面时，截交线在该投影面上的投影为椭圆，见表 2-7。

表 2-7　平面与圆球的截交线

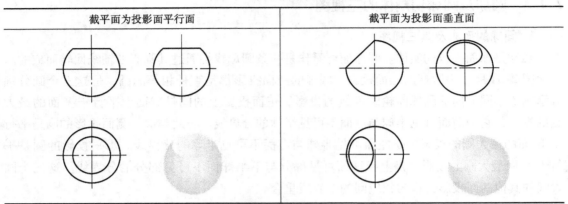

截平面为投影面平行面	截平面为投影面垂直面

例 2-11　如图 2-35a 所示，完成开槽半圆球的水平投影和侧面投影。

解：球表面的凹槽由两个侧平面和一个水平面切割而成，两个侧平面和球的交线为两段平行于侧面的圆弧，水平面与球的交线为前后两段水平圆弧，截平面之间的交线为正垂线。

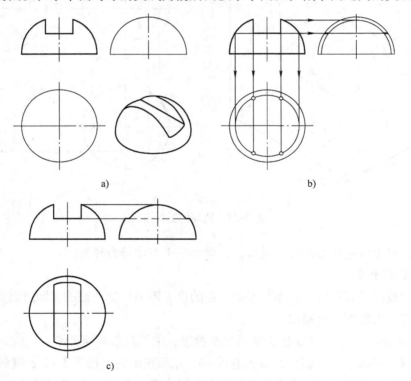

a)

b)

c)

图 2-35　开槽半球的三视图

作图步骤：

1）作切槽的水平投影。切槽底面的水平投影由两段相同的圆弧和两段积聚性直线组成，圆弧的半径从正面投影中量取。

2）作切槽的侧面投影。切槽的两侧面为侧平面，其侧面投影为圆弧，半径从正面投影中量取。

3）整理轮廓，判断可见性。切槽的底面为水平面，侧面投影积聚为一直线，中间部分不可见，画成虚线。

2.5　相交两基本体的投影

两立体相交称为相贯，相交两立体表面的交线称为相贯线，如图 2-36 所示。两回转体的相贯线一般情况下是封闭的空间曲线，特殊情况下是平面曲线或直线。

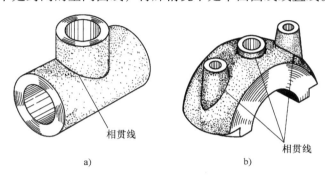

图 2-36　相贯体
a）三通　b）轴承座

由于各基本体的几何形状、大小和相对位置不同，相贯线的形状也不相同，但任何相贯线都具有以下两个基本性质。

1）相贯线是两个曲面立体表面的共有线，也是两个曲面立体表面的分界线。相贯线上的点是两个曲面立体表面的共有点。

2）两回转体的相贯线一般为封闭的空间曲线，特殊情况下可能是平面曲线或直线。

求相贯线的实质就是求相交两立体表面的共有点。作图时，依次求出特殊位置点和一般位置点，判别其可见性，然后将各点光滑连接起来，即得相贯线。常用的作图方法有积聚性法和辅助平面法。

2.5.1　两圆柱正交相贯线的画法

例 2-12　如图 2-37a 所示，求作两圆柱正交的相贯线。

解：两圆柱垂直相交，称为正交。两圆柱体的轴线分别垂直于水平面和侧面。相贯线在水平面上的投影积聚在小圆柱水平投影的圆周上，在侧面上的投影积聚在大圆柱侧面投影的圆周上，故只需作相贯线的正面投影。

作图步骤（图 2-37b）：

1）求特殊位置点。最高点 Ⅰ、Ⅴ（也是最左、最右点）及最低点 Ⅲ（最前点）的正面投影，1′、5′、3′ 可根据已知条件直接求出。

2）求一般位置点。利用积聚性及投影关系，根据水平投影 2、4 和侧面投影 2″（4″），求出正面投影 2′、4′。

3）依次用粗实线连接各点的正面投影，即得相贯线的正面投影。因相贯线前、后对

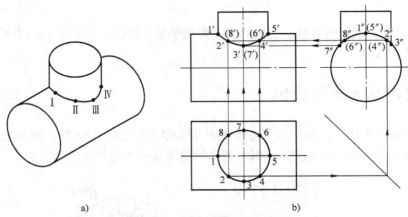

图 2-37　正交两圆柱的相贯线

称，所以不可见部分与可见部分重影。

两圆柱正交有三种情况：两外圆柱面相交；外圆柱面与内圆柱面相交；两内圆柱面相交。这三种情况的相交形式虽然不同，但相贯线的性质和形状相同，求法也是相同的，如图 2-38 所示。

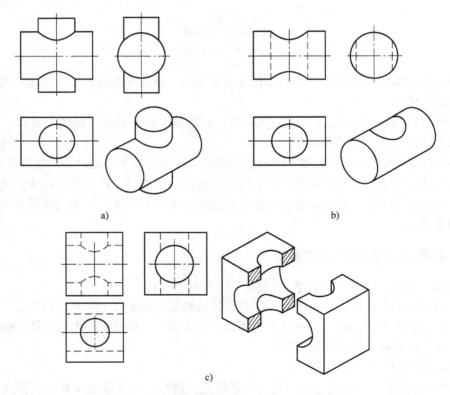

图 2-38　两正交圆柱相交的三种情况

a）两外圆柱面相交　b）外圆柱面与内圆柱面相交　c）两内圆柱面相交

相贯线的作图步骤较多，如对相贯线的准确性无特殊要求，当两圆柱垂直正交且直径又不相等时，可用圆弧近似代替相贯线。如图 2-39 所示，垂直正交两圆柱的相贯线可用 $D/2$

为半径作圆弧来代替。

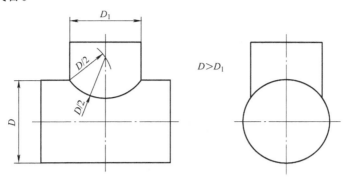

图 2-39　相贯线的近似画法

2.5.2　相贯线的特殊情况

　　两回转体相交，其相贯线一般为空间曲线，但在特殊情况下，也可能是平面曲线或是直线。如图 2-40 所示，当两个回转体具有公共轴线时，相贯线为圆，该圆的正面投影为一直线段，水平投影为圆的实形。

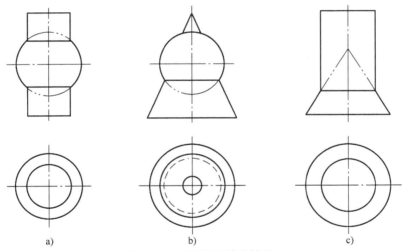

图 2-40　相贯线的特殊情况 1

　　如图 2-41 所示，当圆柱与圆柱、圆柱与圆锥轴线相交，并公切于一圆球时，相贯线为椭圆，该椭圆的正面投影为一直线段，水平投影为类似形（圆或椭圆）。当两圆柱轴线平行时，相贯线为直线。

　　画相贯线时，如果遇到上述这些特殊情况，可直接画出相贯线。

2.6　几何体的尺寸标注

2.6.1　平面立体的尺寸标注

　　平面立体一般标注长、宽、高三个方向的尺寸，如图 2-42 所示。其中，正方形的尺寸

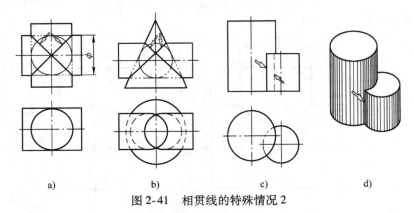

图 2-41　相贯线的特殊情况 2

可采用"边长×边长"的形式或图 2-42f 所示的形式注出，即在边长尺寸数字前加注"□"符号。棱柱、棱锥及棱台除标注确定其顶面、底面形状大小的尺寸外，还应注出高度尺寸，为了便于识图，确定顶面和底面形状大小的尺寸应标注在反映其实形的视图上。图 2-42d、g 中加注"（ ）"的尺寸称为参考尺寸。

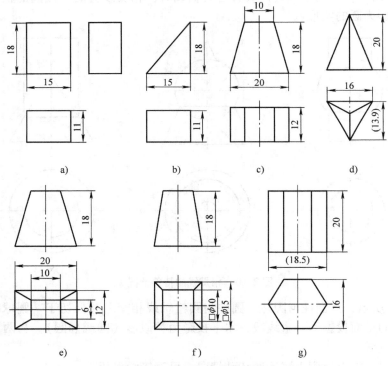

图 2-42　平面立体的尺寸注法

2.6.2　曲面立体的尺寸标注

圆柱和圆锥应注出底圆直径和高度尺寸，圆锥台还应加注顶圆的直径。直径尺寸应在其数字前加注符号"ϕ"，一般注在非圆视图上。这种标注形式用一个视图就能确定其形状和大小，其他视图就可省略，如图 2-43a、b、c 所示。

标注圆球的直径和半径时，应分别在"ϕ、R"前加注符号"S"，如图 2-43d、e 所示。

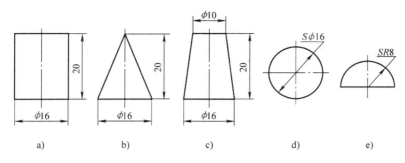

图 2-43　曲面立体的尺寸注法

2.6.3　切割体和相贯体的尺寸标注

基本体上有切口、开槽或穿孔等，一般只标注截切平面的定位尺寸和开槽或穿孔的定形尺寸，而不标注截交线的尺寸，如图 2-44 所示。

两基本体相贯时，应标注两基本体的定形尺寸和表示相对位置的定位尺寸，而不应标注相贯线的尺寸，如图 2-45 所示。

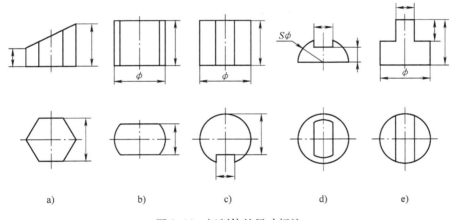

图 2-44　切割体的尺寸标注

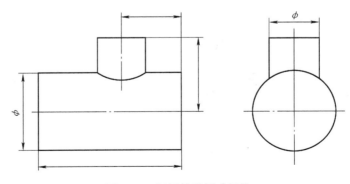

图 2-45　相贯体的尺寸标注

第 3 章　组合体视图的绘制与识读

【知识目标】

　　了解组合体的组合方式；掌握各种表面连接关系的作图方法；掌握组合体视图绘制与识读的相关知识；掌握组合体尺寸标注的方法。

【能力目标】

　　具有运用形体分析法、线面分析法正确绘制与识读组合体视图的能力；具有正确、完整、清晰标注组合体尺寸的能力。

【本章简介】

　　由若干基本体经过叠加、挖切等方式构成的立体称为组合体，组合体是机械零件的简单模型。本章将学习如何绘制和识读组合体视图以及组合体视图的尺寸标注等内容。

3.1　组合体三视图的绘制

3.1.1　组合体的组合方式

　　组合体的组合方式有叠加、切割和综合。

　　（1）叠加　所谓叠加是指用若干个基本体，按一定的相对位置拼接组合成为组合形体，如图 3-1a 所示。

　　（2）切割　所谓切割是指从基本体上切除部分形状的材料，从而形成组合形体，如图 3-1b 所示。

　　（3）综合　所谓综合是指组合形体的组合形式既有叠加又有切割，如图 3-1c 所示。

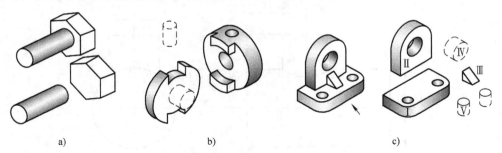

a)　　　　　　　　　　b)　　　　　　　　　　c)

图 3-1　组合体的组合形式

a）叠加　b）切割　c）综合

需要注意的是，组合体是一个整体，组合体的组合方式只是分析组合体的方法。

3.1.2 组合体相邻表面的连接方式与画法

无论以何种方式构成组合体，其基本体的相邻表面都存在一定的相互关系，其形式一般可分为平行、相切、相交等情况。

1. 平行

所谓平行是指两基本形体表面间同方向的相互关系。它又可以分为两种情况：当两基本体的表面平齐时，两表面共面，因而视图上两基本体之间无分界线，如图 3-2a 所示；如果两基本体的表面不平齐，必须画出它们的分界线，如图 3-2b 所示。

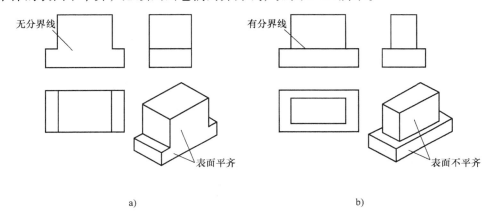

a) b)

图 3-2 表面平齐和不平齐的画法

a）表面平齐 b）表面不平齐

2. 相切

当两基本体的表面相切时，两表面在相切处光滑过渡，不应画出切线，如图 3-3 所示。

3. 相交

当两基本体的表面相交时，相交处会产生不同形式的交线，在视图中应画出交线的投影，如图 3-4 所示。

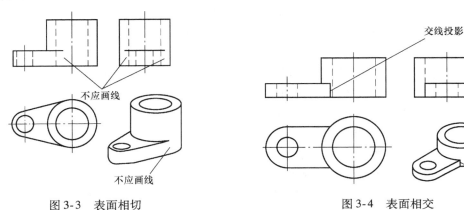

图 3-3 表面相切   图 3-4 表面相交

3.1.3　组合体三视图的画法

1. 叠加类组合体三视图的画法

（1）形体分析　绘制组合体视图之前，应首先对组合体进行形体分析。分析该组合体由哪几部分组成，各部分之间的相对位置及组合形式等。图3-5中轴承座由上部的凸台1、圆筒2、支承板3、底板4及肋板5组成。凸台与圆筒是两个垂直相交的空心圆柱体，在外表面和内表面上都有相贯线。支承板、肋板和底板分别是不同形状的平板。支承板的左、右侧面都与圆筒的外圆柱面相切，肋板的左、右侧面与圆筒的外圆柱面相交，底板的顶面与支承板、肋板的底面相互重合。

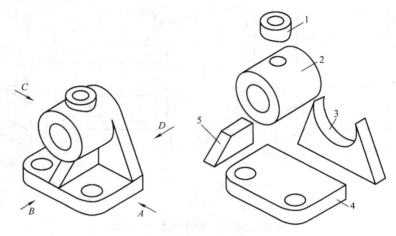

图3-5　轴承座
1—凸台　2—圆筒　3—支承板　4—底板　5—肋板

（2）作图方法和步骤　下面以图3-5所示轴承座为例，介绍画组合体三视图的一般步骤和方法。

1）选择视图。选择视图首先要确定主视图。一般是将组合体的主要表面或主要轴线放置在与投影面平行或垂直的位置，并以最能反映该组合体各部分形状和位置特征的一个视图作为主视图。同时还应使其他视图上的虚线尽量少些，且使所绘三视图的长大于宽。图3-5中沿B向观察，所得视图满足上述要求，可以作为主视图。主视图方向确定后，其他视图的方向则随之确定。

2）选择图纸幅面和比例。根据组合体的复杂程度和尺寸大小，选取合适的比例和图幅。选择时，应充分考虑到视图、尺寸、技术要求及标题栏位置、大小等方面，并应尽量选取能反映形体真实大小的比例（1∶1）绘图。

3）布置视图，画作图基准线。根据组合体的总体尺寸，通过简单计算将各视图均匀地布置在图框内。各视图位置确定后，用细点画线或细实线画出作图基准线。作图基准线一般是底面、对称面、重要端面、重要轴线等线条，如图3-6a所示。

4）画底稿。依次画出每个基本体的三视图，如图3-6b～e所示。画底稿时要注意以下两点：

① 在画各基本体的视图时，应先画主要形体，后画次要形体，先画可见部分，后画不

可见部分。图3-6中，应先画底板和圆筒，后画支承板和肋板。

② 画每一个基本体时，一般应将三个视图对应着一起画。先画反映实形或有特征的视图，再按投影关系画其他视图。图3-6中，圆筒应先画主视图，凸台应先画俯视图，支承板应先画主视图等。尤其要注意，必须按投影关系正确地画出平行、相切和相交处的投影。

5）检查、描深。检查底稿，改正错误，然后再描深，如图3-6f所示。

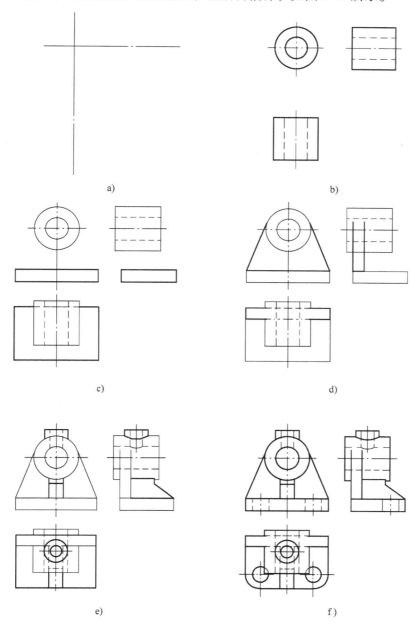

图3-6 组合体三视图的作图步骤

a）画圆筒的轴线及后端面的定位线 b）画圆筒的三视图 c）画底板的三视图 d）画支承板的三视图

e）画凸台与肋板的三视图 f）画底板上的圆角和圆柱孔，校核、加深

2. 切割类组合体三视图的画法

画出图 3-7 所示切割类组合体的三视图。

（1）形体分析　该形体属于切割类组合体，它是由长方体进行一系列切割而形成的。即在长方形左上方切去一梯形块，在其左下中部和右上中部开槽。

（2）主视图选择　如图 3-7 所示，选择箭头所指方向为主视图方向，能反映所有切割情况。

（3）作图步骤　作图步骤如图 3-7a 所示。

1）画切割前四棱柱的三视图，如图 3-7b 所示。

2）画切去一梯形块后的三视图，如图 3-7c 所示。

3）画左侧切槽后的三视图，如图 3-7d 所示。

4）画右上方切槽后的三视图，如图 3-7e 所示。

5）检查加深，如图 3-7f 所示。

画切割类组合体三视图时还应注意以下几点：

1）认真分析物体的形成过程，确定切面的位置和形状。

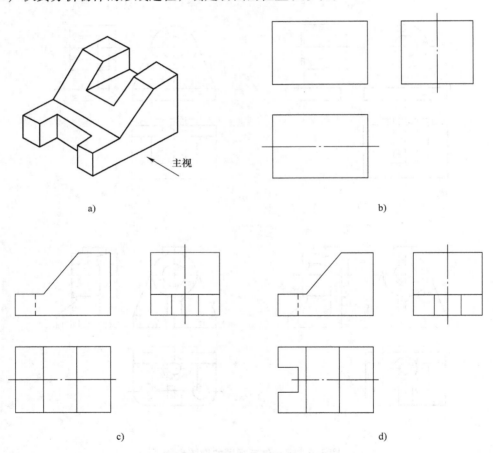

图 3-7　切割类组合体的作图步骤

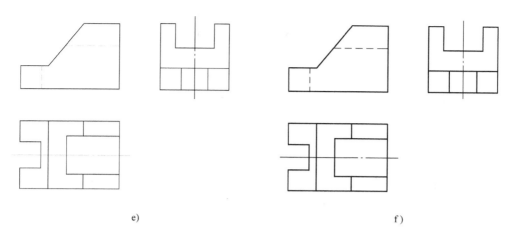

e)　　　　　　　　　　　　　　　　f)

图 3-7　切割类组合体的作图步骤（续）

2）作图时，应先画出切面有积聚性的投影，再根据切面与立体表面相交的情况画出其他视图。

3）如果切平面为投影面垂直面，该面的另两面投影应为类似形。

3.2　组合体三视图的识读

3.2.1　读图的基本知识

1. 几个视图联系起来看

一般情况下，一个视图不能完全确定物体的形状。如图 3-8 所示的五组视图，它们的主视图都相同，但实际上是五种不同形状的物体。

图 3-9 所示的四组视图，它们的主、俯视图都相同，但也表示了四种不同形状的物体。由此可见，读图时，一般要将几个视图联系起来阅读、分析和构思，才能弄清物体的形状。

2. 寻找特征视图

所谓特征视图，就是把物体的形状特征及相对位置反映得最充分的那个视图。如图 3-8 中的俯视图及图 3-9 中的左视图。找到这个视图，再配合其他视图，就能较快地认清物体的形状了。

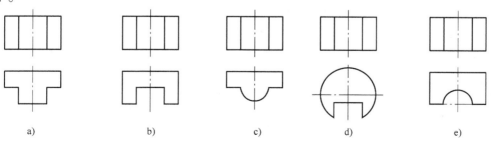

a)　　　　　b)　　　　　c)　　　　　d)　　　　　e)

图 3-8　一个视图不能确定物体的形状

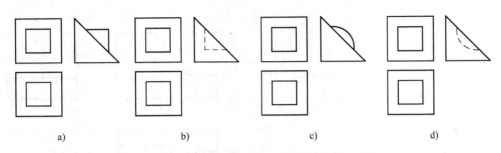

图 3-9　几个视图同时分析才能确定物体的形状

　　但是，由于组合体的组合形式不同，物体的形状特征及相对位置并非总是集中在一个视图上，有时是分散于各个视图上的。例如，图 3-10 中的支架就是由四个形体叠加构成的，主视图反映物体 A、B 的特征，俯视图反映物体 D 的特征。所以在读图时，要抓住反映特征较多的视图。

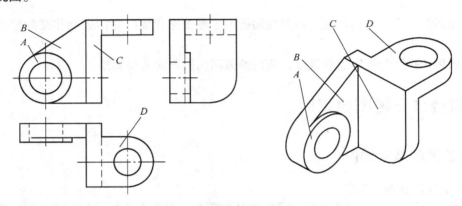

图 3-10　读图时应找出特征视图

3. 了解视图中线框和图线的含义

　　弄清视图中线框和图线的含义是看图的基础，下面以图 3-11 为例说明。

　　视图中每个封闭线框，可以是形体上不同位置平面和曲面的投影，也可以是孔的投影。如图 3-11 中线框 A、B 和 D 为平面的投影，线框 C 为曲面的投影，而图 3-10 中俯视图的圆线框则为通孔的投影。

　　视图中的每一条图线既可以是曲面的转向轮廓线的投影（图 3-11 中直线 1 是圆柱的转向轮廓线）；也可以是两表面交线的投影（图 3-11 中直线 2 是平面与平面的交线、直线 3 是平面与曲面的交线）；还可以是面的积聚性投影（图 3-11 中直线 4）。

　　任何相邻的两个封闭线框，应是物体上相交的两个面的投影，或是同向错位的两个面的投影。如图 3-11 中线框 A 和 B、线框 B 和 C 都是相交两表面的投影，线框 B 和 D 则是前后错位两表面的投影。

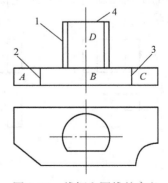

图 3-11　线框和图线的含义

3.2.2　读图的基本方法

形体分析法是读图的基本方法。一般是从反映物体形状特征的主视图着手，对照其他视图，初步分析出该物体是由哪些基本体以及通过什么连接关系形成的。然后按投影特性，逐个找出各基本体在其他视图中的投影，以确定各基本体的形状和它们之间的相对位置，最后综合想象出物体的总体形状。

下面以轴承座为例，说明用形体分析法读图的方法。

（1）从视图中分离出表示各基本形体的线框　将主视图分为四个线框，其中线框 2 为左右两个完全相同的三角形，因此可归纳为三个线框，每个线框各代表一个基本形体，如图3-12a 所示。

（2）分别找出各线框对应的其他投影，并结合各自的特征视图逐一构思它们的形状
如图 3-12b 所示，线框 1 的俯视图是一个中间带有两条直线的矩形，其左视图也是一个矩形，矩形的中间有一条虚线，结合主视图线框 1 可以想象出它的形状是在一个长方体的中部挖了一个半圆槽。

如图 3-12c 所示，线框 2 为三角形，俯、左两视图都是矩形，因此它们是两块三角形板对称地分布在轴承座的左右两侧。

如图 3-12d 所示，线框 3 的主、俯两视图是矩形，左视图是 L 形，可以想象出该形体是一块直角弯板，板上钻了两个圆孔。

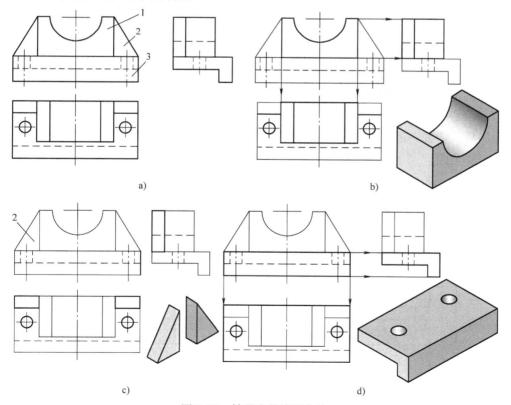

a）分线框，对投影　b）想象形体 1　c）想象形体 2　d）想象形体 3

图 3-12　轴承座的读图方法

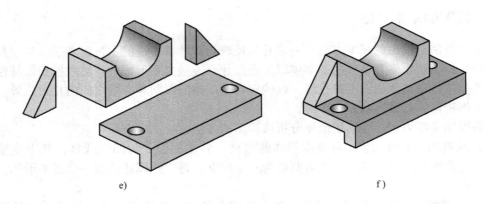

图 3-12　轴承座的读图方法（续）

e）想象各部分形状及其相对位置　f）想象整体形状

（3）想象整体形状　根据各部分的形状和它们的相对位置综合想象出其整体形状，如图 3-12e、f 所示。

由已知两视图补画第三视图也是培养读图和画图能力的一种有效手段。

例 3-1　已知支座主、俯视图，求作其左视图，如图 3-13a 所示。

1）形体分析。在主视图上将支座分为三个线框，按投影关系找出各线框在俯视图上的对应投影。线框 1 是支座的底板，为长方形，其上有两处圆角，后部有矩形缺口，底部有一通槽；线框 2 是长方形竖板，其后部自上而下开一通槽，通槽大小与底板后部缺口大小一致，中部有一圆孔；线框 3 是一个带半圆头的四棱柱，其上有通孔。然后按其相对位置，想象出其形状，如图 3-13f 所示。

2）补画支座左视图。根据给出的两视图，可看出该形体是由底板、前半圆板和长方形竖板叠加后，切去一通槽，钻一个通孔而形成的。具体作图步骤如图 3-13b～e 所示，最后加深，完成全图。

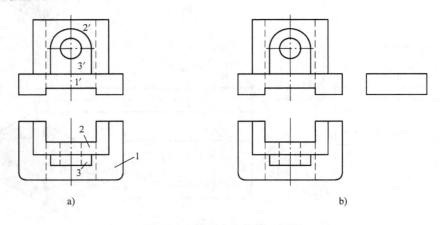

图 3-13　补画支座的第三视图

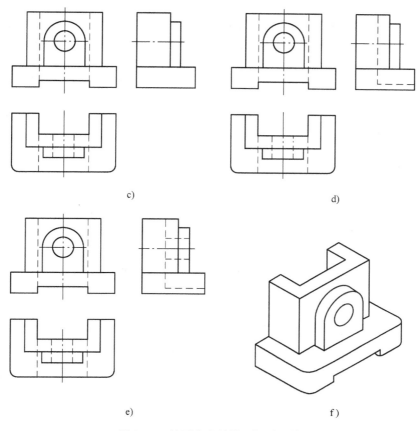

c)　　　　　　　　　　　d)

e)　　　　　　　　　　　f)

图 3-13　补画支座的第三视图（续）

3.3　组合体三视图的尺寸标注

组合体的视图表达了机件的形状，而机件的大小要以视图上所注的尺寸为依据。组合体尺寸标注一般应做到以下几点：

（1）正确　尺寸标注要符合国家标准的有关规定。

（2）完整　尺寸标注要齐全，不遗漏、不重复。

（3）清晰　尺寸布置要整齐、清晰，便于读图。

（4）合理　尺寸标注不仅要保证设计要求，还应便于加工和测量。

3.3.1　尺寸基准

标注尺寸的起始位置称为尺寸基准。组合体有长、宽、高三个方向的尺寸，每个方向至少应有一个尺寸基准。组合体的尺寸标注中，常选取对称面、底面、端面、轴线或圆的中心线等几何元素作为尺寸基准。在选择基准时，每个方向除一个主要基准外，根据情况还可以有几个辅助基准。基准选定后，各方向的主要尺寸（尤其是定位尺寸）就应从相应的尺寸基准进行标注。

　　图 3-14 所示支架是用竖板的右端面作为长
度方向尺寸基准；用前、后对称平面作为宽度
方向尺寸基准；用底板的底面作为高度方向的
尺寸基准。

3.3.2　尺寸种类

　　要使尺寸标注完整，既无遗漏，又不重
复，最有效的办法是对组合体进行形体分析，
根据各基本体形状及其相对位置分别标注以下
几类尺寸。

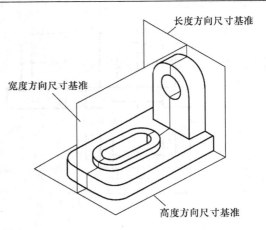

图 3-14　支架的尺寸基准分析

1. 定形尺寸

　　确定各基本体形状大小的尺寸称为定形
尺寸。

　　举例：图 3-15a 中的 50、34、10、R8 等尺寸确定了底板的形状，是底板的定形尺寸；
而 R14、18 等是竖板的定形尺寸。

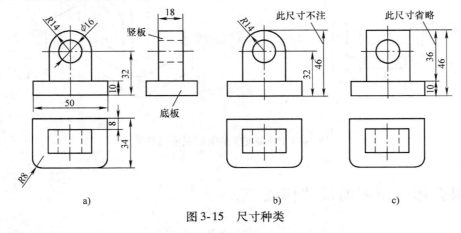

图 3-15　尺寸种类

2. 定位尺寸

　　确定各基本体之间相对位置的尺寸称为定位尺寸。

　　举例：图 3-15a 俯视图中的尺寸 8 确定竖板在宽度方向的位置，主视图中尺寸 32 确定
ϕ16 孔在高度方向的位置，这些尺寸均为定位尺寸。

3. 总体尺寸

　　确定组合体外形总长、总宽、总高的尺寸称为总体尺寸。总体尺寸有时和定形尺寸重合，
图 3-15a 中的总长 50 和总宽 34 同时也是底板的定形尺寸。对于具有圆弧面的结构，通常只标
注中心线位置尺寸，而不标注总体尺寸。图 3-15b 中总高可由 32 和 R14 确定，此时就不再标
注总高 46 了。标注了总体尺寸后，有时可能会出现尺寸重复，这时可考虑省略某些定形尺寸。
图 3-15c 中总高 46 和定形尺寸 10、36 重复，此时可根据情况将此二者之一省略。

3.3.3　组合体尺寸标注的方法

　　标注组合体的尺寸时，应先对组合体进行形体分析，选择基准，标注出定形尺寸、定位

尺寸和总体尺寸，最后检查、核对。

以图 3-16a、b 所示支座为例，说明组合体尺寸标注的方法和步骤。

（1）进行形体分析　该支座由底板、圆筒、支承板、肋板四个部分组成，它们之间的组合形式为叠加，如图 3-16c 所示。

（2）选择尺寸基准　该支座左右对称，故选择对称平面作为长度方向尺寸基准；底板和支承板的后端面平齐，可选作宽度方向尺寸基准；底板的下底面是支座的安装面，可选作高度方向尺寸基准，如图 3-16a 所示。

（3）标注定形尺寸　根据形体分析，逐个注出底板、圆筒、支承板、肋板的定形尺寸，如图 3-16d、e 所示。

（4）标注定位尺寸　根据选定的尺寸基准，注出确定各部分相对位置的定位尺寸。如图 3-16f 中确定圆筒与底板相对位置的尺寸 32，及确定底板上两个 $\phi8$ 孔位置的尺寸 34 和 26。

（5）标注总体尺寸　图 3-16 中支座的总长与底板的长度相等，总宽由底板宽度和圆筒伸出部分长度确定，总高由圆筒轴线高度加圆筒直径的一半决定，因此这几个总体尺寸都已标出。

（6）检查　检查尺寸标注有无重复、遗漏，并进行修改和调整，最后结果如图 3-16f 所示。

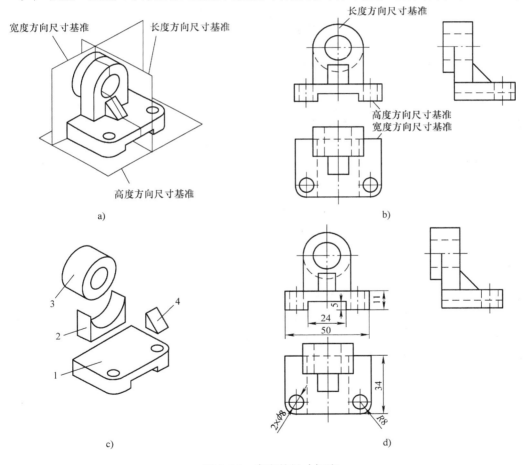

图 3-16　支座的尺寸标注

a）支座　b）支座三视图　c）支座形体分析　d）标注底板定形尺

1—底板　2—支承板　3—圆筒　4—肋板

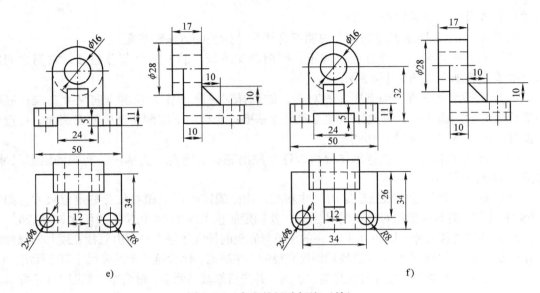

图 3-16　支座的尺寸标注（续）

e）标注圆筒、支承板、肋板定形尺寸　f）标注定位尺寸、总体尺寸

标注尺寸不仅要求正确、完整，还要求清晰，以方便读图。为此，在严格遵守机械制图国家标准的前提下，还应注意以下几点：

1）尺寸应尽量标注在反映形体特征最明显的视图上。如图 3-16d 中底板下部开槽宽度 24 和高度 5，标注在反映实形的主视图上较好。

2）同一基本体的定形尺寸和定位尺寸，应尽可能集中标注在一个视图上。如图 3-16f 中将两个 $\phi8$ 圆孔的定形尺寸 $2 \times \phi8$ 和定位尺寸 34、26 集中标注在俯视图上，这样，在读图时便于寻找尺寸。

3）直径尺寸应尽量标注在投影为非圆的视图上，而圆弧的半径应标注在投影为圆的视图上。如图 3-16e 中圆筒的外径 $\phi28$ 标注在其投影为非圆的左视图上，底板的圆角半径 R8 标注在其投影为圆的俯视图上。

4）尽量避免在虚线上标注尺寸。如图 3-16e 中圆筒的孔径 $\phi16$ 标注在主视图上，而不是标注在俯、左视图上，因为 $\phi16$ 孔在这两个视图上的投影都是虚线。

5）同一视图上的平行并列的尺寸，应按"小尺寸在内，大尺寸在外"的原则来排列，且尺寸线与轮廓线、尺寸线与尺寸线之间的间距要适当。

6）尺寸应尽量配置在视图的外面，以避免尺寸线与轮廓线交错重叠，应保持图形清晰。

3.3.4　常见结构的尺寸标注

图 3-17 列出了组合体上一些常见结构的尺寸注法，要求学生熟记图例。

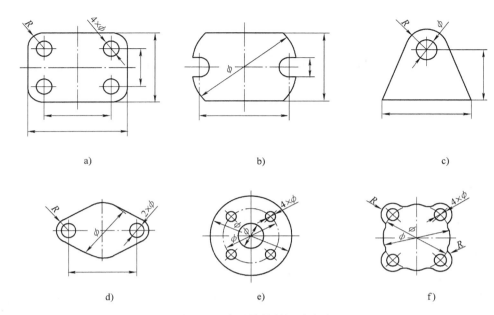

图 3-17　常见结构的尺寸注法

第4章 轴测图的绘制

【知识目标】

了解轴测图的基本知识；掌握绘制正等轴测图和斜二等轴测图的相关知识。

【能力目标】

具有运用绘制轴测图的相关知识，形象直观表达形体的能力。

【本章简介】

工程上应用最广泛的图样是多面正投影图。应用正投影法画出的多面视图能够准确地表达出物体的形状和大小，但它的缺点是直观性差，缺乏识图基础的人难以看懂。为了有助于识图，人们经常借助于富有立体感的轴测图。轴测图虽然直观性较强，容易看懂，但作图复杂，因此常作为辅助图样，帮助识图。

4.1 轴测图的基本知识

轴测图是一种单面投影图，在适当位置设置一个投影面 P，这个投影面就称为轴测投影面，将物体连同确定其空间位置的直角坐标系一起沿一定的投射方向用平行投影法向投影面投影，得到的图形称为轴测投影图，简称轴测图。轴测图又称为立体图，有正轴测图和斜轴测图之分。投射方向与轴测投影面垂直画出来的轴测图是正轴测图；投射方向与轴测投影面倾斜画出来的是斜轴测图，如图4-1所示。

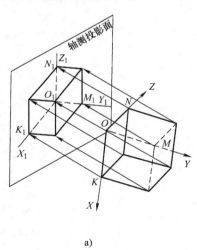
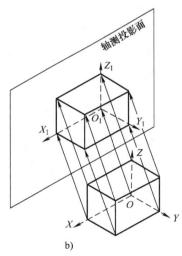

a)   b)

图4-1 轴测图的形成

a) 正等轴测图的形成 b) 斜二等轴测图的形成

（1）轴测轴　　轴测轴是直角坐标轴 OX、OY、OZ 在轴测投影面上的投影 O_1X_1、O_1Y_1 和 O_1Z_1。

（2）轴间角　　轴间角是两轴测轴间的夹角。

（3）轴向伸缩系数　　空间坐标轴 OX 上的线段 OK 在轴测轴 O_1X_1 上的投影为 O_1K_1，$O_1K_1:OK$ 称为 X 轴的轴向伸缩系数，用符号 p_1 表示（$p_1 = O_1K_1:OK$）。依此类推，Y 轴的轴向伸缩系数 $q_1 = O_1M_1:OM$；Z 轴的轴向伸缩系数 $r_1 = O_1N_1:ON$。

4.2　正等轴测图

正等轴测图是轴测图中最常见的一种，它具有三个轴间角和轴向伸缩系数相等的特点。根据物体的形状特点，画轴测图有以下三种方法：坐标法、切割法、叠加法。其中坐标法是基础，这些方法也适用于其他轴测图。在实际作图中，这三种方法通常综合起来应用，因此可称为综合法。

4.2.1　正等轴测图的轴间角与轴向伸缩系数

正等轴测图轴间角均为 $120°$，Z 轴正方向垂直向上，轴向伸缩系数 $p = q = r = 0.82$，为作图方便取 $p = q = r = 1$，如图 4-2 所示。这样画出的轴测图是实物的 1.22 倍。

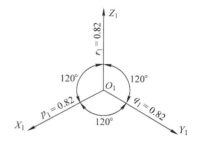

图 4-2　正等轴测图的轴测轴、轴间角与轴向伸缩系数

4.2.2　正等轴测图的画法

1. 平面立体的正等轴测图画法

例 4-1　已知正六棱柱的正投影图，如图 4-3a 所示，求作其正等轴测图。

解：（1）分析物体的形状，确定坐标原点和作图顺序　由于正六棱柱的前后、左右对称，故把坐标原点定在顶面六边形的中心，如图 4-3a 所示。由于正六棱柱的顶面和底面均为平行于水平面的六边形，在轴测图中，顶面可见，底面不可见。为了减少作图线，应从顶面开始作图。

（2）画轴测轴　　如图 4-3b 所示画轴测轴。

（3）用坐标定点法作图

1）画出六棱柱顶面的轴测图。以 O_1 为中心，在 X_1 轴上取 $1_14_1 = 14$，在 Y_1 轴上取 $A_1B_1 = ab$，如图 4-3b 所示。过点 A_1、B_1 分别作 O_1X_1 轴的平行线，且分别以 A_1、B_1 为中点，在所作的平行线上取 $2_13_1 = 23$，$5_16_1 = 56$，如图 4-3c 所示。再用直线顺次连接 1_1、2_1、3_1、4_1、5_1、6_1 和 1_1 点，得顶面的轴测图，如图 4-3d 所示。

2）画棱面的轴测图。过 6_1、1_1、2_1、3_1 各点向下作 Z_1 轴的平行线，并在各平行线上按尺寸 h 取点再依次连线，如图 4-3e 所示。

3）完成全图。擦去多余图线并加深，如图 4-3f 所示。

2. 平面切割体正等轴测图的画法

例 4-2　根据图 4-4a 所示的投影图，作其正等轴测图。

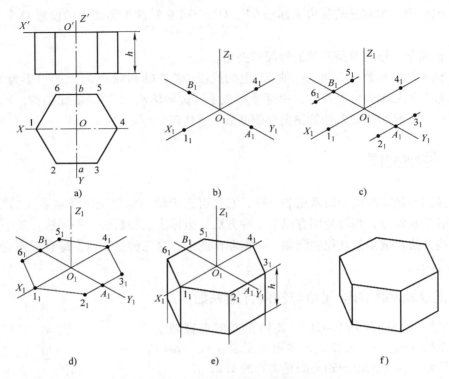

图 4-3　正六棱柱的正等轴测图画法

解：画出完整的基本体轴测图，然后按其结构特点切去多余部分，进而完成物体的轴测图，图 4-4b ~ d 为画轴测图的过程。

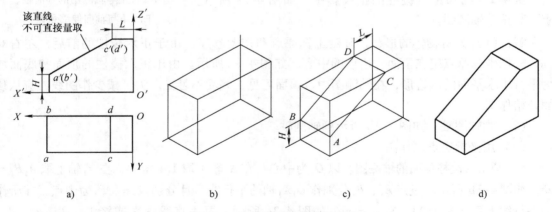

图 4-4　切割体正等轴测图画法

a）在视图上确定坐标系　b）绘出完整长方体　c）绘制出挖切部分　d）整理可见轮廓线并加深

3. 回转体正等轴测图的画法

由于正等轴测图的三个坐标轴都与轴测投影面倾斜，所以平行于投影面的圆的正等轴测图均为椭圆，如图 4-5 所示。由图 4-5 可见，$X_1O_1Y_1$ 面上椭圆的长轴垂直于 O_1Z_1 轴；$X_1O_1Z_1$ 面上椭圆的长轴垂直于 O_1Y_1 轴；$Y_1O_1Z_1$ 面上椭圆的长轴垂直于 O_1X_1 轴。椭圆的正等轴测图一般采用四心圆弧法作图。

例 4-3　求作图 4-6a 所示半径为 R 的水平圆的正等轴测图。

解：1）定出直角坐标的原点及坐标轴。画圆的外切正方形 1234，与圆相切于 a、b、c、d 四点，如图 4-6b 所示。

2）画出轴测轴，并在 X_1 轴、Y_1 轴上截取 $O_1A_1 = O_1C_1 = O_1B_1 = O_1D_1 = R$，得 A_1、B_1、C_1、D_1 四点，如图 4-6c 所示。

3）过点 A_1、C_1 和点 B_1、D_1 分别作 Y_1 轴、X_1 轴的平行线，得菱形 $1_12_13_14_1$，如图 4-6d 所示。

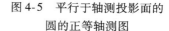

图 4-5　平行于轴测投影面的圆的正等轴测图

4）连 1_1C_1、3_1A_1 分别与 2_14_1 交于 O_2 和 O_3，如图 4-6e 所示。

5）分别以 1_1、3_1 为圆心，1_1C_1、3_1A_1 为半径画圆弧 C_1D_1、A_1B_1，再分别以 O_2、O_3 为圆心，O_2D_1、O_3C_1 为半径，画圆弧 A_1D_1、B_1C_1。由这四段圆弧光滑连接而成的图形，即为所求的近似椭圆，如图 4-6f 所示。

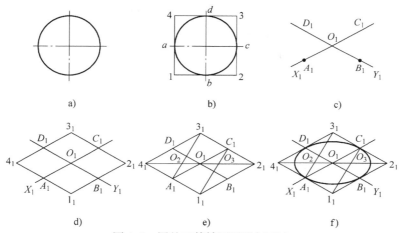

图 4-6　圆的正等轴测图近似画法

例 4-4　作圆柱体的正等轴测图。

解：1）定原点和坐标轴，如图 4-7a 所示。

2）画两端面圆的正等轴测图（用移心法画底面），如图 4-7b 所示。

3）作两椭圆的公切线，擦去多余线条，描深完成全图，如图 4-7c 所示。

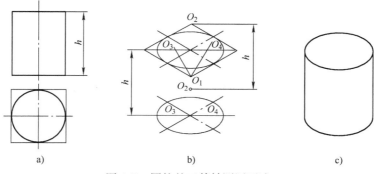

图 4-7　圆柱的正等轴测图画法

4.3　斜二等轴测图的画法

4.3.1　斜二等轴测图的轴间角与轴向伸缩系数

斜二等轴测图的轴测轴、轴向伸缩系数、轴间角如图 4-8 所示，Z 轴垂直向上，与 X 轴垂直，另两个轴间角为 135°，$p_1 = r_1 = 1$，$q_1 = 0.5$。

绘制斜二等轴测图时，由于一个坐标面 XOZ 平行于轴测投影面，故 XOZ 方向上的形状在轴测图上的投影反映实形；同时，Y 向长度在轴测图上绘制时应缩短一半。

4.3.2　斜二等轴测图的作图方法

斜二等轴测图特别适合于某一个方向形状复杂，或只有一个方向有圆及圆弧的物体，这种情况作轴测图能使作图简便快捷。

例 4-5　作如图 4-9a 所示形体的斜二等轴测图。

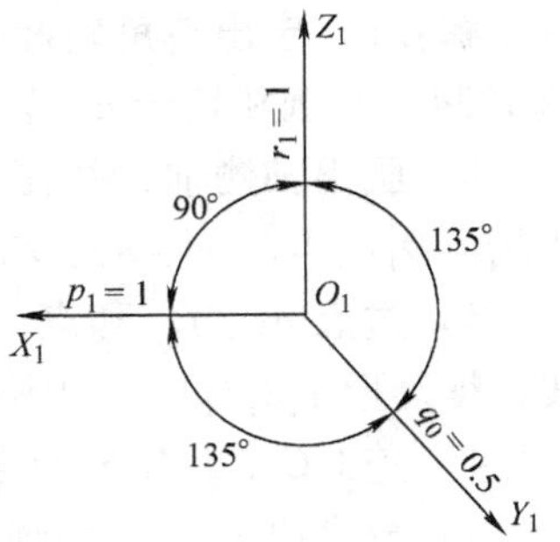

图 4-8　斜二等轴测图的轴测
轴、轴间角与轴向伸缩系数

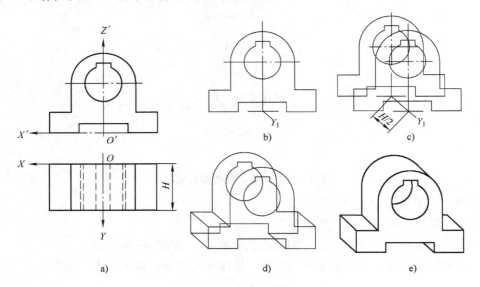

图 4-9　斜二等轴测图的画法

解： 1）确定坐标系，如图 4-9a 所示。

2）绘制前端面实形，如图 4-9b 所示。

3）在 Y_1 方向 $H/2$ 处绘制后端面实形，如图 4-9c 所示。

4）连接 Y_1 方向的棱线和公切线，如图 4-9d 所示。

5）整理可见轮廓线并加深，如图 4-9e 所示。

第 5 章　机件的常用表达方法

【知识目标】

掌握机件各种表达方法的适用场合；掌握各种表达方法的画法及标注方法。

【能力目标】

具有利用所学知识清晰正确表达与识读机件的形状、结构的能力。

【本章简介】

前面学习了用三视图表达形体，在实际生产中，当机件的形状、结构比较复杂时，如果仍采用两视图或三视图来表达，就很难把机件的内外形状和结构准确、完整、清楚地表达出来。为了满足实际的表达要求，国家标准规定了视图、剖视图、断面图、规定画法和简化画法等表达方法，以供工程技术人员根据实际需要选用。本章主要介绍一些常用的表达方法。

5.1　视图

根据国家标准 GB/T 17451—1998 和 GB/T 4458.1—2002 的规定，视图主要用来表达机件的外部结构形状，一般只画出机件的可见部分，必要时才用虚线表达其不可见部分，视图分为基本视图、向视图、局部视图和斜视图。

5.1.1　基本视图

当机件的形状结构复杂时，用三个视图不能清晰地表达机件的右面、底面、和后面的形状。为了满足要求，国标规定在原有三个投影面的基础上再增设三个投影面，组成一个六面体，该六面体的六个表面称为基本投影面，如图 5-1 所示。将机件放在六个基本投影面内，分别向基本投影面投影，所得的视图称为基本视图。由前向后投射所得到的视图称为主视图；由上向下投射所得到的视图称为俯视图；由左向右投射所得到的视图称为左视图；由右向左投射所得到的视图称为右视图；由下向上投射所得到的视图称为仰视图；由后向前投射所得到的视图称为后视图。

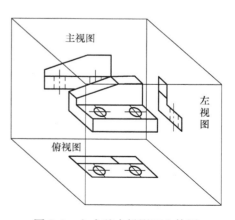

图 5-1　六个基本投影面立体图

这六个视图为基本视图，展开的方法如图 5-2 所示，投影面展开后，各视图之间仍然保持"长对正、高平齐、宽相等"的投影规律，配置关系如图 5-3 所示。

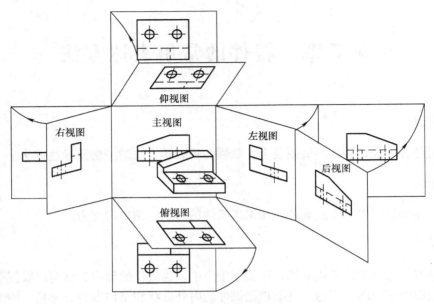

图 5-2　基本投影面及展开

各基本视图按图 5-3 所示配置时，不标注视图的名称。虽然机件可以用六个基本视图表示，但是在实际应用时并不是所有的机件都需要画六个基本视图。应针对机件的结构形状、复杂程度具体分析，视情况选择视图的数量，在完整、清晰地表达机件结构和形状的同时，力求简便，避免不必要的重复表达。

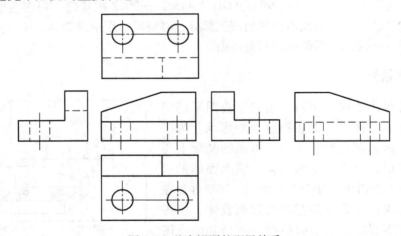

图 5-3　基本视图的配置关系

5.1.2　向视图

在实际绘图中，为了合理利用图纸，可以不按规定位置配置基本视图，国家标准规定，可以自由配置的基本视图称为向视图，如图 5-4 中 "向视图 *A*" "向视图 *B*" "向视图 *C*"。向视图必须加以标注，其标注方法如下：

在向视图上方，用大写的英文字母（如 "*A*" "*B*" 等）标出向视图的名称 "*X*" 并在相应的视图附近用箭头指明投射方向，再标注上相同的字母。表示投射方向的箭头尽可能配置在主视图上。表示后视图的投射方向时，应将箭头尽可能配置在左视图或右视图上。

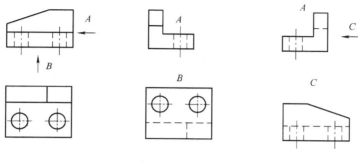

图 5-4　向视图

5.1.3　局部视图

将机件的一部分向基本投影面投射，所得的视图称为局部视图。

局部视图适用于机件的主体由一组基本视图表达清楚，但机件上仍有部分结构尚需表达，而又没有必要再画出完整的基本视图时。图 5-5 所示机件，用主、俯两个视图已清楚地表达了主体形状。若为了表达左面的凸缘和右面的缺口，再增加左视图和右视图，就显得烦琐和重复。此时可采用局部视图，只画出所需表达的左面凸缘和右面缺口形状，则表达方案既简练又突出重点。

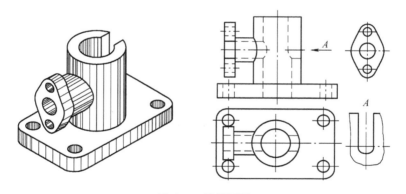

图 5-5　局部视图

局部视图的配置、标注及画法：

（1）局部视图的配置及标注　局部视图可按基本视图的配置形式配置；也可按向视图的配置形式配置并标注，如图 5-5 所示。当局部视图按投影关系配置，中间又没有其他视图隔开时，可省略标注。

（2）局部视图的画法　局部视图的断裂边界应以波浪线或双折线表示，如图 5-5 中的视图 A。当所表示的局部结构是完整的，且外轮廓线成封闭图形时，断裂边界可省略不画，如图 5-5 中按投影关系配置的局部视图。

5.1.4 斜视图

将机件向不平行于基本投影面的平面进行投射，所得到的视图称为斜视图，如图 5-6 所示。

当机件上某部分的倾斜结构不平行于基本投影面时，则在基本视图中不能反映该部分的实形，会给绘图和识图带来困难。这时，可选择一个辅助投影面，使它与机件上倾斜的部分平行（且垂直于某个基本投影面）。然后，将机件上的倾斜部分向辅助投影面投射，所得到的视图称为斜视图，如图 5-7a 所示。

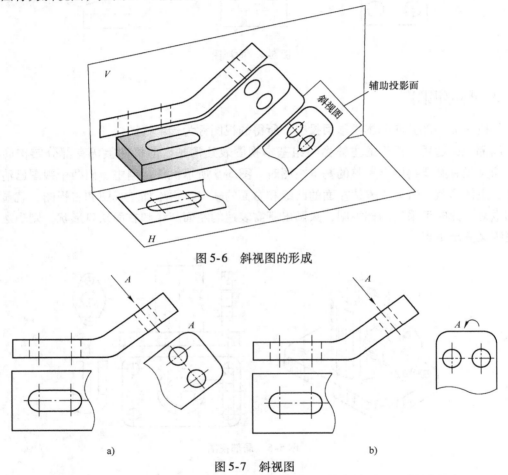

图 5-6 斜视图的形成

图 5-7 斜视图

斜视图的配置、标注及画法：

（1）斜视图的配置及标注 斜视图通常按向视图的配置形式配置并标注，如图 5-7a 中的 A 视图。标注时，必须在视图的上方水平书写"X"（X 为大写英文字母）标出视图的名称，并在相应视图附近用箭头指明投射方向，并注上相同字母。必要时允许将斜视图旋转配置，但需画出旋转符号，表示该视图名称的大写英文字母应靠近旋转符号的箭头端，如图 5-7b 所示。当要注出图形的旋转角度时，应将其标注在字母之后。斜视图旋转配置时，既可顺时针旋转，也可逆时针旋转。但旋转符号的方向要与实际旋转方向一致，以便读图者辨别。

（2）斜视图的画法　　斜视图只反映机件上倾斜结构的实形，其余部分省略不画。斜视图的断裂边界可用波浪线或双折线表示，如图5-7a 中的 A 视图。

5.2　剖视图

视图主要来表达机件的外部形状，当机件内部结构比较复杂时，视图中的虚线较多，这些虚线与虚线、虚线与实线之间往往重叠交错，大大地影响了图形的清晰度，既不便于画图、读图，也不便于标注尺寸。为了解决这些问题，国家标准规定了剖视图的基本表示法（GB/T 17451—1998，GB/T 4458.1—2002）。

5.2.1　剖视图的概念

1. 剖视图的形成

假想用剖切面剖开机件，将处在观察者和剖切面之间的部分移去，将其余部分向投影面投射，所得的图形即称为剖视图，简称为剖视，如图5-8 所示。

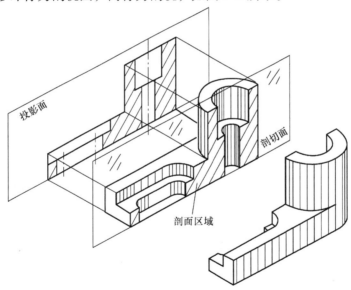

图 5-8　剖视的形成

将图5-9 中的剖视图与视图比较，不难发现，由于主视图采用了剖视，视图中不可见的部分变为可见，原有的虚线变成了实线，再加上剖面线的作用，图形变得清晰。

2. 剖面符号

机件被假想剖切后，在剖视图中，剖切平面与物体接触部分称为剖面区域。在绘制剖视图时，通常应在剖面区域画出剖面符号。表5-1 为各种材料的剖面符号。

画金属材料的剖面符号时，应遵守以下规定：

1）金属材料的剖面符号（也称剖面线）为与水平线成45°，且间隔相等的细实线。

2）同一机件所有剖视图中剖面线方向应一致，且间隔相等。

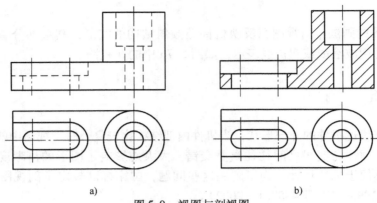

a)　　　　　　　　　　　　　　　b)

图 5-9　视图与剖视图

a）视图　b）剖视图

3）当剖视图中的重要轮廓线与水平线成 45°时，剖面线应画成与水平成 30°或 60°（图 5-10），且方向应与其他图形的剖面线一致。

表 5-1　各种材料的剖面符号（摘自 GB/T 4457.5—2013）

材 料 名 称	剖 面 符 号	材 料 名 称	剖 面 符 号
金属材料（已有规定剖面符号者除外）		基础周围的泥土	
非金属材料（已有规定剖面符号者除外）		混凝土	
型砂、粉末冶金、陶瓷，硬质合金等		钢筋混凝土	
线圈绕组元件		砖	
转子、变压器等的叠钢片		玻璃及其他透明材料	
木质胶合板		格网（筛网、过滤网等）	
木材 纵剖面		液体	
木材 横剖面			

3. 画剖视图的注意事项

1）剖视图是用剖切面假想地剖开物体，所以当物体的一个视图画成剖视图后，其他视图的完整性不受影响，仍按完整视图画出。

2）剖视图中的不可见部分若在其他视图中已经表达清楚，则虚线可省略不画，如图 5-9b 所示。但对尚未表达清楚的结构形状，若画少量虚线能减少视图数量，也可画出必要的虚线，如图 5-11 所示。

3）不可漏画剖切平面后面的可见轮廓线，在剖切平面后面的可见轮廓线应全部用粗实线画出。表 5-2 列出了容易漏线和多线的几种结构。

4）根据需要可以将几个视图同时画出剖视图，它们之间各有所用，互不影响，如图 5-10 所示主、俯视图都画成剖视图。

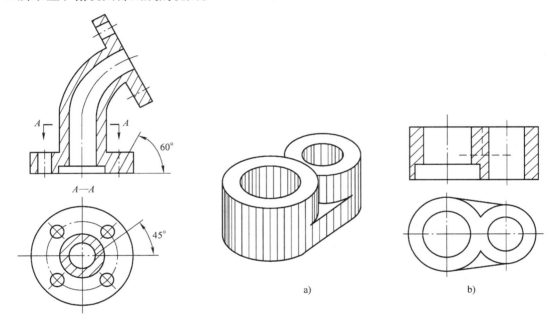

图 5-10　特殊角度的剖面线画法　　　　图 5-11　剖视图中画必要的虚线示例

表 5-2　剖视图中最容易漏线和多线的结构

正确画法	错误画法	空间投影情况

（续）

正确画法	错误画法	空间投影情况
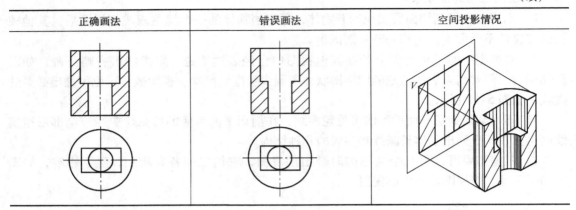		

4. 剖视图的标注

剖视图的标注内容如图 5-12 所示，包括三方面要素：

（1）剖切线　剖切线是指示剖切面位置的线，用细点画线表示，画在剖切符号之间。通常剖切线省略不画。

（2）剖切符号　剖切符号是指示剖切面起讫和转折位置（用粗实线表示）及投射方向（用箭头表示）的符号。

（3）字母　字母表示剖视图的名称，用大写英文字母注写在剖视图的上方。

5.2.2　剖切面的种类

剖视图的剖切面有三种：单一剖切面、几个相交的剖切面和几个平行的剖切面。

图 5-12　剖视图标注

1. 单一剖切面

用一个剖切面剖切机件称为单一剖切面。图 5-10 ~ 图 5-12 中均为单一剖切平面剖切。

图 5-13 中的"$B—B$"剖视图也采用单一剖切面剖切得到，表达了弯管及其顶部凸缘和通孔的形状。基本视图的配置规定（图 5-3）同样适用于剖视图；剖视图也可以按投影关系配置在与剖切符号相对应的位置上，必要时可将剖视图配置在图纸的适当位置。采用单一斜剖面剖切所得的剖视图，还允许将图形旋转，此时应标注"$X—X$ ⌒"，如图 5-13 中的"$B—B$ ⌒"剖视图。

2. 几个相交的剖切面

用几个相交的剖切面（交线垂直于某一基本投影面）剖切机件所得到剖视图的情况，如图 5-14 所示。

采用几个相交的剖切平面画剖视图时，应注意几个问题：

1）剖开机件后，必须将被剖切平面剖开的倾斜部分结构旋转到与某一基本投影面平行

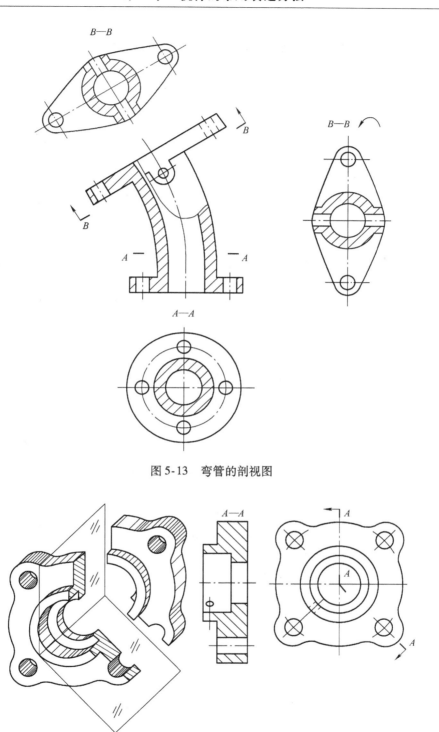

图 5-13　弯管的剖视图

图 5-14　两个相交的剖切平面

的位置后再进行投影，如图 5-15 所示。

2）剖切平面后的结构会引起误解时，仍按原来的位置投影，如图 5-15a 中的油孔。

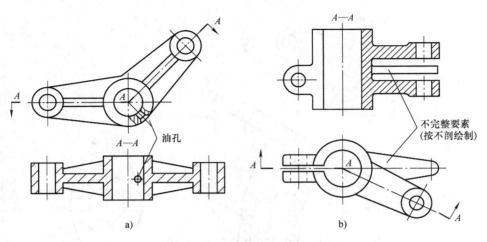

图 5-15　两个相交剖切平面剖切机件

3）当剖切后产生不完整要素时，应将此部分按不剖绘制，如图 5-15b 中的臂板。

3. 几个平行的剖切平面

几个平行的剖切平面是指两个或两个以上平行的剖切平面，并且要求各剖切平面的转折处必须是直角。这种剖切平面适用于机件内部有较多不同结构形状需要表达，而它们的中心又不在同一平面上的情况。图 5-16 所示机件是采用三个平行的剖切平面剖切而获得的剖视图。

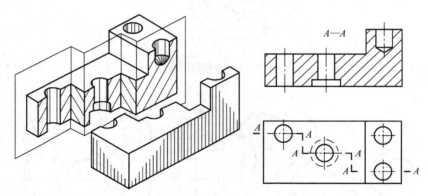

图 5-16　几个平行的剖切平面

采用几个平行的剖切平面画剖视图时应注意几个问题：

1）不应在剖视图中画出各剖切平面转折处的投影，如图 5-17a 所示。同时，剖切平面转折处不应与图形中的轮廓线重合，如图 5-17b 所示。

2）选择剖切平面位置时，应注意在图形上不应出现不完整要素，如图 5-17c 所示。

5.2.3　剖视图的种类

运用上述各种剖切面，根据机件被剖开的范围可将剖视图分为三类：全剖视图、半剖视图和局部剖视图。

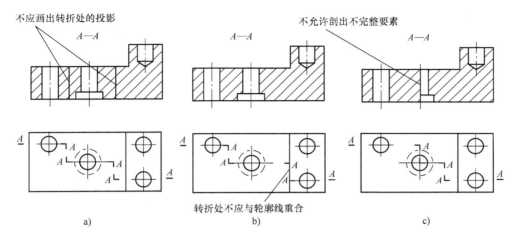

图 5-17　几个平行的剖切平面剖切时应注意的问题

1. 全剖视图

（1）概念　用剖切平面，将机件全部剖开后进行投影所得到的剖视图，称为全剖视图（简称全剖视），如图 5-18 中的主视图和左视图均为全剖视图。

（2）应用　全剖视图一般用于表达外部形状比较简单，内部结构比较复杂的机件。

（3）标注

1）当平行于基本投影面的单一剖切平面通过机件的对称平面剖切机件，且剖视图按规定的投影关系配置时，可不必标注，如图 5-18 主视图所示。

2）当剖视图按规定投影关系配置时，可省略表示投射方向的箭头，如图 5-18 左视图所示。

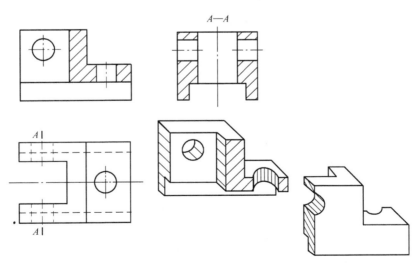

图 5-18　全剖视图及其标注

2. 半剖视图

（1）概念　当机件具有对称平面时，以对称中心线为界，在垂直于对称平面的投影面上投影得到的，由半个剖视图和半个视图合并组成的图形称为半剖视图。

（2）应用　半剖视图主要用于内、外结构形状都需要表示的对称机件。半剖视图既充分地表达了机件的内部结构，又保留了机件的外部形状，因此它具有内外兼顾的特点，如图5-19 所示。

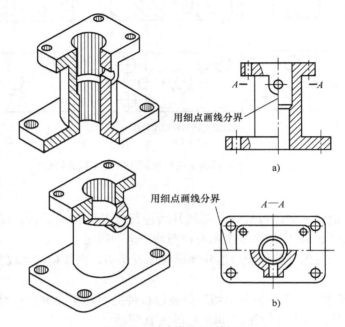

图5-19　半剖视图及其标注

有时，机件的形状接近于对称，且不对称部分已另有视图表达清楚时，也可以采用半剖视，以便将机件的内、外结构形状简明地表达出来，如图5-20 所示。

（3）标注　半剖视图的标注方法与全剖视图相同。图 5-19a 所示的机件为左右对称，图 5-19b 中主视图所采用的剖切平面通过机件的前后对称平面，所以不需要标注；而俯视图所采用的剖切平面未通过机件的对称平面，所以必须标出剖切位置和名称，但箭头可以省略。

（4）注意的问题

1）半个视图和半个剖视图应以点画线为界。

2）半个视图中的虚线不必画出。

3）半个剖视图的位置配置原则通常为：主视图中位于对称线右侧；俯视图中位于对称线下方；左视图中位于对称线右侧。

3. 局部剖视图

（1）概念　用剖切平面局部剖开机件所得的剖视图称为局部剖视图。局部剖视图也是在同一视图上同时表达内外形状的方法，并且用波浪线作为剖视图与视图的界线，图5-21a、b 均采用了局部剖视图。

（2）应用　局部剖视是一种比较灵活的表达方法，剖切范围根据实际需要决定。但使用时要考虑到读图方便，剖切不要过于零碎。它常用于下列两种情况：

1）机件只有局部内形要表达，而又不必或不宜采用全剖视图时。

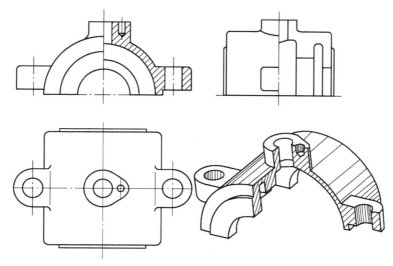

图 5-20　用半剖视图表示基本对称的机件

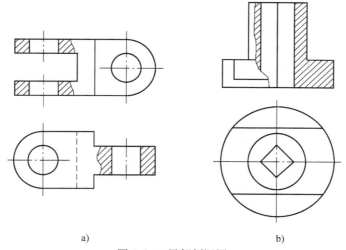

a) b)

图 5-21　局部剖视图

2）不对称机件需要同时表达其内、外形状时。

（3）标注　局部剖视图的标注方法和全剖视图相同。但如局部剖视图的剖切位置非常明显，则可以不标注。

（4）波浪线的画法

1）波浪线不能超出图形轮廓线，如图 5-22a 所示。

2）波浪线不能穿孔而过，如遇到孔、槽等结构时，波浪线必须断开，如图 5-22a 所示。

3）波浪线不能与图形中任何图线重合，也不能用其他线代替或画在其他线的延长线上如图 5-22b、c 所示。

4）图 5-23 所示机件因在对称面上有粗实线，不能使用半剖视图，故用局部剖视图表达。

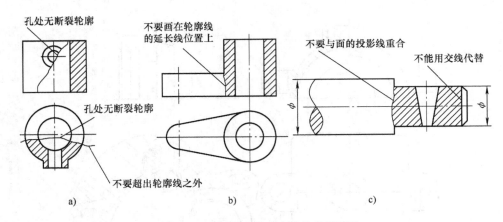

图 5-22　局部剖视图波浪线的错误画法

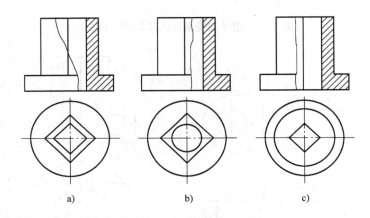

图 5-23　局部剖视图表达方法

5.3　断面图

生产中的机件形状结构复杂多样，表达的方法也不尽相同，有些零件的部分结构需要用断面图（GB/T 17451—1998　GB/T 4458.1—2002）来表达，如键槽、肋、轮辐等截面形状，本节学习如何应用断面图表达机件。

5.3.1　断面图的概念

假想用剖切面将物体的某处切断，仅画出剖切面与物体接触部分的图形，称为断面图，如图 5-24a、c 所示。

画断面图时，应特别注意断面图与剖视图的区别。断面图只画出物体被切处的断面形状，而剖视图除了画出其断面形状之外，还必须画出断面之后所有可见轮廓，如图 5-24b 所示。

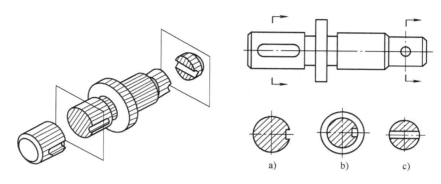

图 5-24　断面图的形成

5.3.2　断面图的分类及画法

断面图分为移出断面图和重合断面图两种。

1. 移出断面图

画在视图轮廓之外的断面图为移出断面图。

（1）移出断面图的画法

1）移出断面图的轮廓线用粗实线绘制，如图 5-24、图 5-25 所示。

2）当断面图形对称时，也可配置在视图的中断处，如图 5-26a 所示。

3）由两个或多个相交的剖切平面剖切所得的移出断面图，中间一般应断开绘制，如图 5-26b 所示。

4）移出断面图可配置在剖切位置线的延长线上或其他适当的位置，如图 5-27 所示。

5）当剖切平面通过由回转面形成的孔或凹坑的轴线时，这些结构应按剖视图绘制，如图 5-27 所示。

6）当剖切平面通过非圆孔，导致出现完全分离的两个断面图时，应按剖视图绘制，如图 5-28 所示。

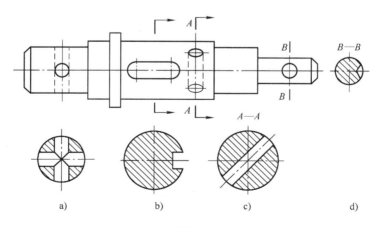

图 5-25　移出断面图的配置及画法（一）

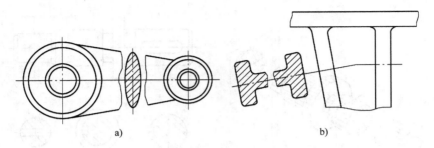

图 5-26　移出断面图的配置及画法（二）

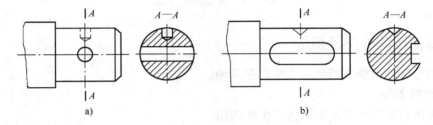

图 5-27　通过圆孔等回转面的轴线时断面图的画法

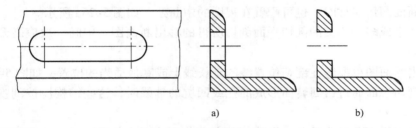

图 5-28　断面分离时的画法
a）正确　b）错误

（2）移出断面图的标注　移出断面图的标注见表 5-3。

表 5-3　移出断面图的标注

配　置	对称的移出断面	不对称的移出断面
配置在剖切符号或剖切线的延长线上	不必标注	省略字母

（续）

配　置		对称的移出断面	不对称的移出断面
不在剖切符号的延长线上	按投影关系配置	省略箭头	省略箭头
	配置在其他位置	省略箭头	全部标注(剖切符号、字母及箭头)

2. 重合断面图

画在视图轮廓线之内的断面图称为重合断面图，如图 5-29 所示。

（1）重合断面图的画法

1）重合断面图的轮廓线用细实线绘制，如图 5-29a 所示。

2）当视图中的轮廓线与重合断面图的轮廓线重叠时，视图中的轮廓线应连续画出，不可间断，如图 5-29b 所示。

（2）重合断面图的标注

1）相对于剖切位置线对称的重合断面不必标注，如图 5-29a 所示。

2）对于非对称的重合断面图，应标注剖切位置符号及投射方向，如图 5-29b 所示。

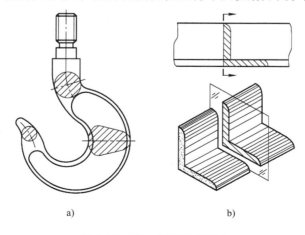

a)　　　　　　　　　　b)

图 5-29　重合断面图的画法

5.4　其他表达方法

由于实际机件的形状结构具有多样性，为了使图形清晰和画图简便，国家标准还规定了局部放大图和一些规定画法、简化画法，本节主要学习这些表达方法。

5.4.1　局部放大图

将机件的部分结构，用大于原图的比例绘制成的图形称为局部放大图，如图5-30所示。

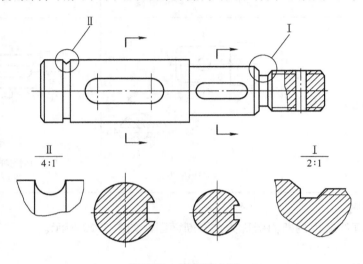

图5-30　局部放大图

机件上某些细小结构在视图中表达不清楚或不便于标注尺寸和技术要求时，可采用局部放大图。局部放大图根据需要可以画成视图、剖视图、断面图的形式，与被放大部分的表示形式无关，如图5-30所示。局部放大图应尽量配置在被放大部位的附近。

局部放大图应用细实线圈出放大的部位。当同一机件上有几处需要放大时，必须用罗马数字依次标明被放大的部位，并在局部放大图上方标出相应的罗马数字和所采用的比例，如图5-30所示。当机件上被放大的部分仅有一个时，只需在局部放大图上方注明所采用的比例即可。

5.4.2　简化画法与其他规定画法

1）对于机件上的肋、轮辐及薄壁等，如按纵向剖切，则这些结构都不画剖面符号，用粗实线将它们与相邻接部分分开即可，如图5-31所示。当这些结构不按纵向剖切时，应画上剖面符号，如图5-31的俯视图。

2）当机件回转体上均匀分布的肋、轮辐、孔等结构不处于剖切面上时，可将这些结构旋转到剖切面上画出，如图5-32所示。

3）当机件上具有若干相同结构（如齿、槽、孔等），并按一定规律分布时，只需画出几个完整结构，其余用细实线相连，并注明总数即可，如图5-33和图5-34所示。

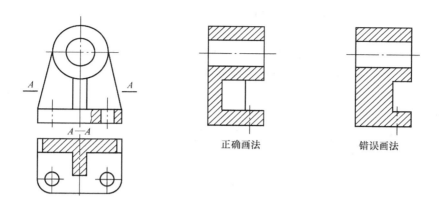

图 5-31　机件上肋的规定画法

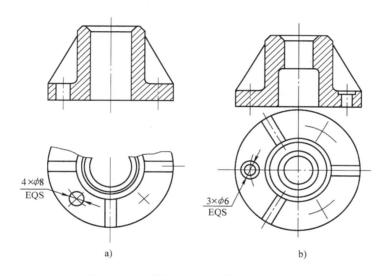

a)　　　　　　　　　　　　　　b)

图 5-32　回转体上均布的肋、孔的画法

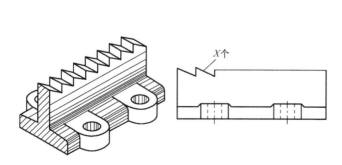

图 5-33　相同结构的省略画法（一）

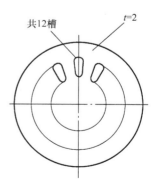

图 5-34　相同结构的省略画法（二）

对于厚度均匀的薄壁零件，可采用图 5-34 所示注 $t=2$（厚度 2mm）的形式直接表示厚度，以减少视图的个数。

4）若干直径相同且成规律分布的孔（如圆孔、螺孔、沉孔等），可以仅画出一个或几个，其余只需用点画线表示其中心位置，在零件图中应注明孔的总数，如图 5-35 所示。

5）零件上的对称结构的局部视图，可配置在视图上所需表示物体局部结构的附近，如图 5-36 所示。

6）滚花、槽沟等网状结构一般用粗实线将局部表达出来，如图 5-37 所示。

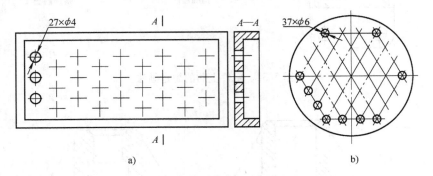

图 5-35　等径且成规律分布孔的画法

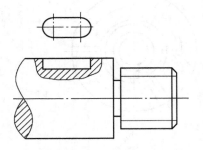

图 5-36　局部视图的简化画法

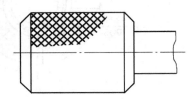

图 5-37　网状结构的简化画法

7）当回转体上的平面在图形中不能充分表达时，可用两条相交的细实线表示这些平面，如图 5-38 所示。

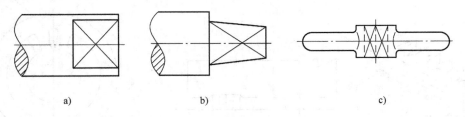

图 5-38　平面的简化画法

8）在不致引起误解时，对于对称的视图可只画一半或四分之一，并在对称中心线的两端画出两条与其垂直的平行细实线，如图 5-39 所示。

9）较长机件（如轴、杆、型材、连杆等）沿长度方向的形状一致或按一定规律变化

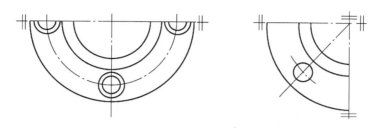

图 5-39　对称机件的简化画法

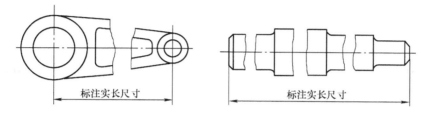

图 5-40　较长机件的折断画法

时，可断开绘制，如图 5-40 所示。

10）在不致引起误解时，零件图中的移出断面，允许省略剖面符号，但剖切位置和断面图的标注，必须按规定的方法标出，如图 5-41 所示。

11）机件上较小的结构，如在一个图形中已表示清楚时，在其他图形中可以简化或省略，如图 5-42 所示。图 5-42a 中的主视图简化了锥孔的投影，图 5-42b 中省略了平面斜切圆柱后截交线的投影。

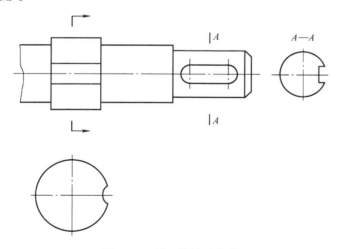

图 5-41　剖面符号可省略

12）圆角、倒角的简化画法。除确属需要表示的某些圆角、倒角外，其他圆角、倒角在零件图中均可不画，但必须注明尺寸或在技术要求中加以说明，如图 5-43 所示。

13）倾斜角度小于或等于 30° 的斜面上的圆或圆弧，其投影可用圆或圆弧代替，如图

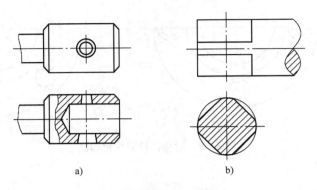

图 5-42　较小结构的省略画法

5-44所示。

14）在需要表示剖切面前的结构时，这些结构按假想投影的轮廓绘制，如图 5-45 所示。

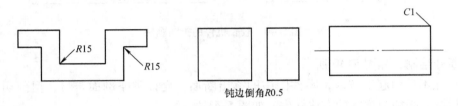

图 5-43　圆角、倒角的简化画法

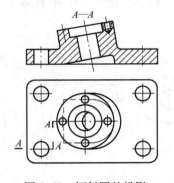

图 5-44　倾斜圆的投影

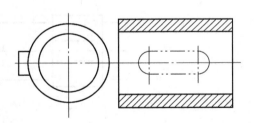

图 5-45　剖切平面前结构的表示法

5.5　第三角画法简介

在 GB/T 17451—1998 中规定，我国优先采用第一角画法绘制技术图样，虽然各个国家都采用正投影法表达机件的结构形状，但有一些国家和地区采用第三角画法，如美国、日本等。因此，国家标准 GB/T 14692—2008 规定，必要时（如合同规定情况下），允许使用第三角画法。

采用第一角画法是将被表达的机件放在投影面与观察者之间，而第三角画法是将投影面放在机件与观察者之间，二者的视图名称相同，且都是用正投影法获得的，如图 5-46 所示。

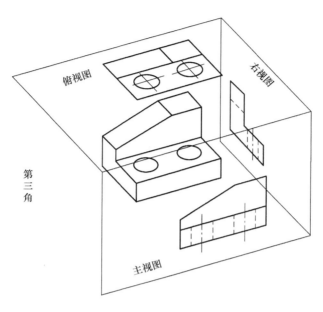

图 5-46　第三角投影法投影

第三角画法的投影规律符合正投影规律：即主、俯视图长对正；主、右视图高平齐；俯、右视图宽相等，且前后对应。第三角画法展开在同一平面上的配置关系如图 5-47 所示。

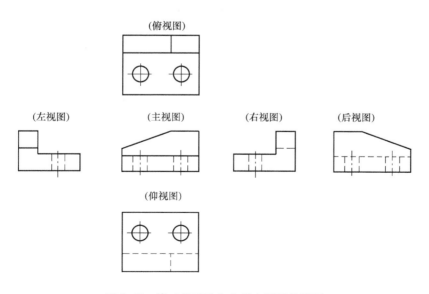

图 5-47　第三角画法六个基本视图的配置

　　根据 GB/T 14692—1993 规定，采用第三角画法时，必须在图样中画出图 5-48 所示的第三角画法的识别符号。在采用第一角画法时，在图样中一般不画出图 5-49 所示的第一角画法识别符号，必要时才画出。

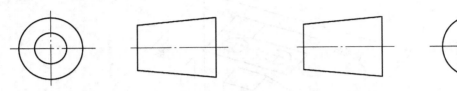

　　　图 5-48　第三角画法识别符号　　　　　　　　　　图 5-49　第一角画法识别符号

第6章　常用零部件及结构要素的绘制与识读

【知识目标】

掌握有关螺纹的相关知识；掌握标准件、常用件的规定画法、标记方法；掌握各种联接图的规定画法。

【能力目标】

具有对标准件进行识读、标记、查表的能力；具有绘制与识读各种联接图的能力；具有表达和识读齿轮工作图及啮合图的能力。

【本章简介】

在各种机器和部件中，螺栓、螺钉、螺母、垫圈、销、键、轴承等零件被广泛使用，它们的结构和尺寸已经标准化，是常用的标准件。另外在机器中常用到的齿轮、弹簧等零件，国家标准对其部分结构和尺寸实行了标准化，是非标准常用件。国家标准对这两类常用机件的画法进行了规定和简化，在绘制图样时必须遵守。本章介绍这些标准件和常用件的基本知识、规定画法及标记方法。

6.1　螺纹及螺纹紧固件的画法（GB/T 4459.1—1995）

6.1.1　螺纹

1. 螺纹的基本知识

（1）螺纹的定义　在圆柱或圆锥表面上，沿着螺旋线所形成的具有规定牙型的连续凸起称为螺纹。凸起部分的顶端称为牙顶，沟槽部分的底部称为牙底。在圆柱或圆锥外表面形成的螺纹，称为外螺纹；在圆柱或圆锥内表面形成的螺纹，称为内螺纹。用于联接的螺纹称为联接螺纹；用于传递运动或动力的螺纹称为传动螺纹。

（2）螺纹的形成　各种螺纹都是根据螺旋线原理加工而成的，螺纹加工大部分采用机械化批量生产。小批量、单件产品外螺纹可采用车床加工，如图 6-1 所示。内螺纹可以在车床上加工，也可以先在工件上钻孔，再用丝锥攻制，如图 6-2 所示。

（3）螺纹的基本要素　螺纹的基本要素包括牙型、直径（大径、小径、中径）、线数、螺距和导程、旋向等。

1）牙型。在通过螺纹轴线的剖面上，螺纹的轮廓形状称为螺纹牙型。常见的螺纹牙型有三角形、梯形、锯齿形等，如图 6-3 所示。

2）螺纹的直径（图 6-4）。螺纹的直径有大径（外螺纹用 d 表示，内螺纹用 D 表示）、中径和小径之分。外螺纹的大径和内螺纹的小径又称为顶径。螺纹的公称直径为大径。

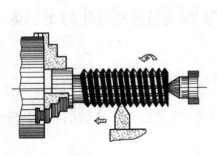

图 6-1　外螺纹加工

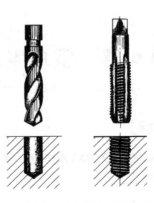

图 6-2　内螺纹加工

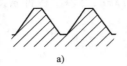 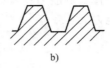 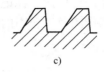

a)　　　　　　　　　　b)　　　　　　　　　　c)

图 6-3　螺纹的牙型
a）三角形　b）梯形　c）锯齿形

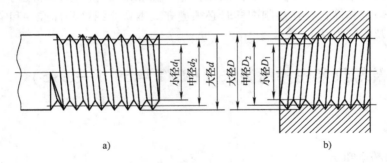

a)　　　　　　　　　　　　　　　　b)

图 6-4　螺纹的直径
a）外螺纹　b）内螺纹

3）线数（n）。螺纹有单线和多线之分，沿一条螺旋线所形成的螺纹称为单线螺纹；沿两条或两条以上，且在轴向等距离分布的螺旋线所形成的螺纹称为多线螺纹，如图 6-5 所示。

4）螺距 P 和导程 Ph。螺距是指螺纹上相邻两牙在中径线上对应两点间的轴向距离，导程是指在同一条螺旋线上的相邻两牙在中径线上对应两点间的距离，如图 6-5 所示。螺距、导程和线数三者之间的关系为：螺距 P = 导程 Ph/线数 n。

5）旋向。螺纹旋向分为右旋和左旋。内、外螺纹旋合时，顺时针旋转旋入的螺纹为右旋螺纹；逆

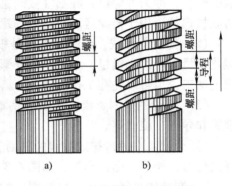

图 6-5　单线螺纹和双线螺纹
a）单线　b）双线

时针旋转旋入的螺纹为左旋螺纹。

旋向判定方法：将外螺纹轴线竖直放置，螺纹的可见部分右高、左低的为右旋螺纹；左高、右低的为左旋螺纹，如图 6-6 所示。

2. 螺纹的规定画法

螺纹一般不按真实投影作图，而是采用国家标准规定的画法以简化作图过程。

（1）外螺纹的画法　外螺纹的大径用粗实线表示，小径用细实线表示。螺纹小径按大径的 0.85 倍绘制。在不反映圆的视图中，小径的细实线应画入倒角内，螺纹终止线用粗实线表示，如图 6-7a 所示。当需要表示螺纹收尾时，螺纹尾部的小径用与轴线成 30°的细实线绘制，如图 6-7b 所示。在反映圆的视图中，表示小径的细实线圆只画约 3/4 圈，螺杆端面上的倒角圆省略不画，如图 6-7a ~ c 所示。剖视图中的螺纹终止线和剖面线画法如图 6-7c 所示。

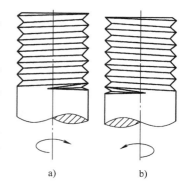

图 6-6　螺纹的旋向

a）右旋　b）左旋

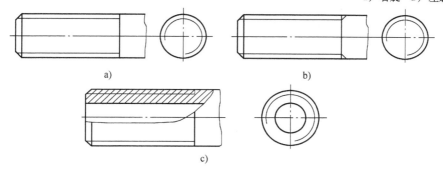

图 6-7　外螺纹画法

（2）内螺纹的画法　内螺纹通常采用剖视图表达，在不反映圆的视图中，大径用细实线表示，小径和螺纹终止线用粗实线表示，且小径取大径的 0.85 倍，注意剖面线应画到粗实线；若是盲孔，终止线到孔末端的距离可按 0.5 倍大径绘制；在反映圆的视图中，大径用约 3/4 圈的细实线圆弧绘制，孔口倒角圆不画，如图 6-8a、b 所示。当螺孔相交时，其相贯线的画法如图 6-8c 所示。当螺纹的投影不可见时，所有图线均画成细虚线，如图 6-8d 所示。

（3）内、外螺纹旋合的画法　只有当内、外螺纹的五项基本要素相同时，内、外螺纹才能进行联接。用剖视图表示螺纹联接时，旋合部分按外螺纹的画法绘制，未旋合部分按各自原有的画法绘制，如图 6-9 所示。画图时必须注意：表示内、外螺纹大径的细实线和粗实线，以及表示内、外螺纹小径的粗实线和细实线应分别对齐；在剖切平面通过螺纹轴线的剖视图中，实心螺杆按不剖绘制。

3. 螺纹牙型的表示法

螺纹的牙型一般不需要在图形中画出，当需要表示螺纹的牙型时，可按图 6-10 的形式绘制。

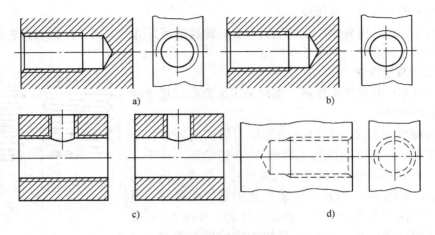

图 6-8　内螺纹的画法

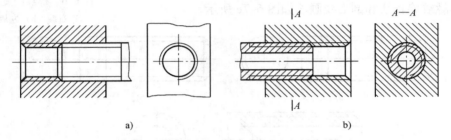

图 6-9　内、外螺纹旋合画法

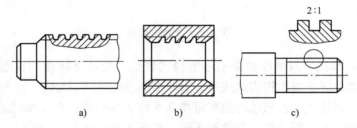

图 6-10　螺纹牙型的表示法

a）外螺纹局部剖　b）内螺纹全剖　c）局部放大图

4. 螺纹的标注

由于螺纹的规定画法不能表达出螺纹的种类和螺纹的要素，因此在图中需要对标准螺纹进行正确的标注。下面分别介绍各种螺纹的标注方法。

（1）普通螺纹　普通螺纹用尺寸标注形式注在内、外螺纹的大径上，其标注的具体项目和格式如下：

螺纹特征代号公称直径 ×Ph 导程 P 螺距 – 中径公差带代号顶径公差带代号 – 旋合长度代号 – 旋向代号

普通螺纹的螺纹特征代号用字母"M"表示。

普通粗牙螺纹不必标注螺距，普通细牙螺纹必须标注螺距。公称直径、导程和螺距数值的单位为 mm。

右旋螺纹不必标注旋向代号，左旋螺纹应标注字母"LH"。

中径公差带代号和顶径公差带代号由表示公差等级的数字和字母组成。大写英文字母代表内螺纹，小写英文字母代表外螺纹。顶径是指外螺纹的大径和内螺纹的小径，若两组公差带相同，则只写一组。表示内、外螺纹旋合时，内螺纹公差带在前，外螺纹公差带在后，中间用"/"分开。在特定情况下，中等公差等级螺纹不注公差带代号（内螺纹：5H，公称直径小于或等于 1.4mm 时；6H，公称直径大于或等于 1.6mm 时。外螺纹：5h，公称直径小于或等于 1.4mm 时；6h，公称直径大于或等于 1.6mm 时。）

普通螺纹的旋合长度分为短、中、长三组，其代号分别是 S、N、L。若是中等旋合长度，其旋合代号 N 可省略，图 6-11 所示为普通螺纹标注示例。

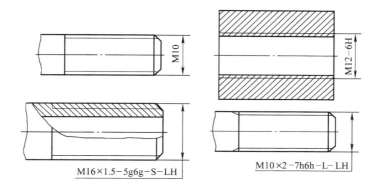

图 6-11　普通螺纹标注示例

（2）传动螺纹　传动螺纹主要指梯形螺纹和锯齿形螺纹，它们也用尺寸标注形式，注在内、外螺纹的大径上，其标注的具体项目及格式如下：

螺纹特征代号公称直径×导程（螺距）旋向代号 – 中径公差带代号 – 旋合长度代号

梯形螺纹的螺纹特征代号用字母"Tr"表示，锯齿形螺纹特征代号用字母"B"表示。

多线螺纹标注导程与螺距，单线螺纹只标注螺距。

右旋螺纹不标注旋向代号，左旋螺纹标注字母"LH"。

传动螺纹只注中径公差带代号。

旋合长度只注"S"（短）、"L"（长），中等旋合长度代号"N"省略标注。

图 6-12 所示为传动螺纹标注示例。

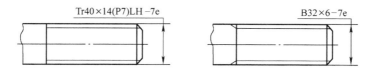

图 6-12　传动螺纹标注示例

（3）管螺纹　管螺纹的标记必须标注在大径的引出线上。常用的管螺纹分为 55°密封管螺纹和55°非密封管螺纹。这里要注意，管螺纹的尺寸代号并不是指螺纹大径，也不是管螺纹本身任何一个直径，其大径和小径等参数可从有关标准中查出。管螺纹标注的具体项目及格式如下。

　　　　55°密封管螺纹代号：螺纹特征代号　尺寸代号×旋向代号

　　　　55°非密封管螺纹代号：螺纹特征代号　尺寸代号　公差等级代号－旋向代号

　　　　55°密封螺纹分为：与圆柱内螺纹相配合的圆锥外螺纹，其特征代号是 R_1；与圆锥内螺纹相配合的圆锥外螺纹，其特征代号为 R_2；圆锥内螺纹，特征代号是 Rc；圆柱内螺纹，特征代号是 Rp。旋向代号只注左旋"LH"。

　　　　55°非密封管螺纹的特征代号是 G。它的公差等级代号分 A、B 两个公差等级。外螺纹需注明，内螺纹不注此项代号。右旋螺纹不注旋向代号，左旋螺纹注"LH"。标注示例如图6-13 所示。

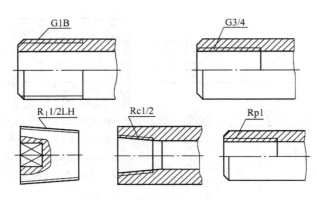

图 6-13　管螺纹的标注

6.1.2　常用螺纹紧固件及其联接

1. 螺纹紧固件

（1）螺纹紧固件的标记　常用的螺纹紧固件有螺栓、螺柱、螺钉、螺母和垫圈等，其结构形式和尺寸都已标准化，使用时可根据有关标准选用，并按规定标记直接购买。几种常用的螺纹紧固件及其标记示例见表6-1。

表 6-1　常用螺纹紧固件及其标记示例

名　称	图　例	标 记 示 例
六角头螺栓		螺栓　GB/T 5780—2000　M12×50

（续）

名　　称	图　　例	标 记 示 例
双头螺柱		螺栓　GB/T 899—1988　M12×50
开槽圆柱头螺钉		螺钉　GB/T 65—2000　M10×45
内六角圆柱头螺钉		螺钉　GB/T 70.1—2008　M12×50
开槽盘头螺钉		螺钉　GB/T 68—2000　M8×40
开槽锥端紧定螺钉		螺钉　GB/T 71—1985　M12×40
1 型六角螺母		螺母　GB/T 6170—2000　M16
平垫圈		垫圈　GB/T 97.1—2002　16
标准型弹簧垫圈		垫圈　GB 93—1987　12

　　（2）螺纹紧固件的比例画法　　螺纹紧固件一般为标准件，设计制图时不必绘制出标准件的零件图。在装配图中通常采用比例画法来绘制螺纹紧固件，常用的螺纹紧固件的比例画法如图6-14所示。

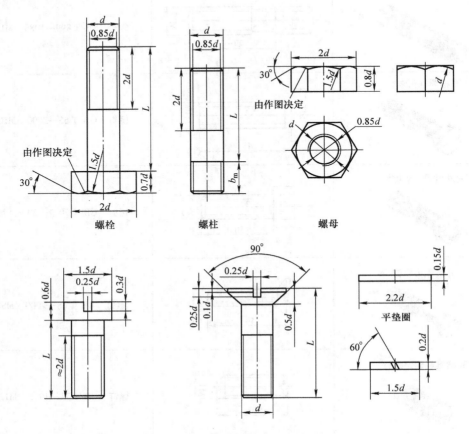

图6-14　常见螺纹紧固件的比例画法

2. 螺纹紧固件联接的画法

　　螺纹紧固件联接通常有螺栓联接、双头螺柱联接和螺钉联接三种。画螺纹紧固件联接时应遵守如下基本规定：

　　1）两零件的接触表面只画一条线；凡不接触表面，无论间隙多小都需画两条线。

　　2）相邻两零件的剖面线方向应相反，或者方向一致但间隔不等。

　　3）当剖切面通过螺杆的轴线时，螺纹紧固件都按不剖绘制，必要时可采用局部剖。

　　4）为作图方便，画图时螺纹紧固件一般不按实际尺寸作图，而是采用按比例画出的简化画法。

　　（1）螺栓联接的画法　　螺栓联接适用于两个被联接件厚度 δ 不大并易加工成通孔的场合。螺栓联接由螺栓、螺母、垫圈将两被联接件联接在一起，螺栓联接的比例画法如图6-15所示。从图6-15中可以看出，螺栓的公称长度 L 按下式计算：

$$L \geqslant \delta_1 + \delta_2 + 0.15d（垫圈厚）+ 0.8d（螺母厚）+ 0.3d（螺栓顶端伸出长度）$$

按上式计算出结果后，再从螺栓标准（见附表6）中选取略大于计算值的公称长度 L。

（2）双头螺柱联接的画法　双头螺柱联接适用于两被联接件之一太厚或不宜加工成通孔的场合。双头螺柱联接是用双头螺柱、螺母和垫圈将两被联接件联接在一起，双头螺柱联接的画法如图 6-16 所示。双头螺柱的公称长度 L 按下式计算：

$$L \geqslant \delta_2 + 0.15d（垫圈厚）+ 0.8d（螺母厚）+ 0.3d（螺栓顶端伸出长度）$$

按上式计算出结果后，再从双头螺柱的标准（见附表 7）中选取略大于计算值的公称长度 L。

画双头螺柱联接时应注意以下几点：

1）螺柱的旋入端长度 b_m 与被旋入零件的材料有关。国家标准规定：钢、青铜 $b_m = d$；铸铁，$b_m = 1.25d$ 或 $b_m = 1.5d$；铝、铝合金 $b_m = 2d$。

2）旋入端的螺纹终止线应与结合面平齐，表示旋入端已经拧紧。

3）旋入端的螺孔深度取 $b_m + 0.5d$，钻孔深度取 $b_m + d$，如图 6-16 所示。

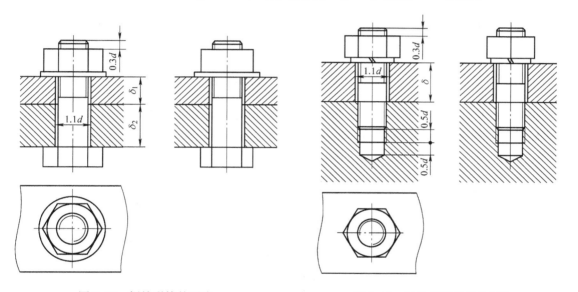

图 6-15　螺栓联接的画法　　　　　　　　　图 6-16　双头螺柱联接的画法

（3）螺钉联接

螺钉联接适用于被联接件之一较厚且受力不大、不需要经常拆卸的场合。按用途分为联接螺钉联接和紧定螺钉联接两种。

1）联接螺钉。联接螺钉联接的比例画法如图 6-17 所示。螺钉的公称长度 L 按下式计算：

$$L \geqslant \delta + b_m。$$

按上式计算出的结果，查表（见附表 8）选取公称长度 L。

画联接螺钉时应注意以下几点：

①螺钉的旋入长度 b_m 也与被联接件的材料有关，其取值与双头螺柱相同。

②螺钉的螺纹终止线不能与结合面平齐，而应画在盖板的范围内。

③具有沟槽的螺钉头部，在主视图中应被放正，在俯视图中规定画成 45°倾斜。

2）紧定螺钉。紧定螺钉联接主要用于固定两零件的相对位置，使它们不产生相对运

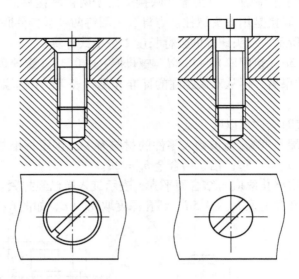

图 6-17　螺钉联接的画法

动。图 6-18a 中的轴和齿轮，用一个开槽锥端紧定螺钉旋入齿轮上的螺孔中，从而固定了轴和齿轮的相对位置，其画法如图 6-18b 所示。

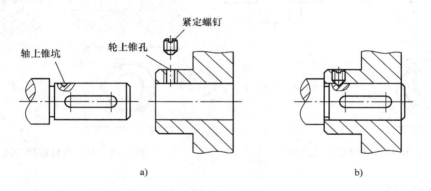

紧定螺钉

轮上锥孔

轴上锥坑

a)　　　　　　　　　　　　　b)

图 6-18　紧定螺钉的联接画法
a）连接前　b）连接后

6.2　键联接与销联接

　　键、销都是起联接作用的，键主要用于和轴上的零件（如凸轮、带轮、齿轮等）间的联接，以传递扭矩，如图 6-19 所示。销主要用于零件间的联接和定位。键、销都是标准件，对于它们的结构、尺寸及画法，国家标准都做了规定。此任务主要学习键、销的种类、标记、查表方法，学习键、销联接图的画法。

图 6-19　键联接

6.2.1　键及键联接

1. 常用键的种类

常用的键有普通平键、半圆键、钩头型楔键等，如图 6-20 所示。

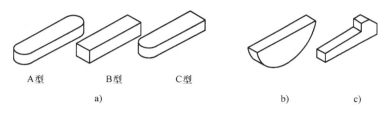

图 6-20　常用的几种键

a）普通平键　b）半圆键　c）钩头型楔键

2. 常用键的规定标记

几种常用键的规定标记见表 6-2。

表 6-2　键及其规定标记

序号	名称（标准号）	图　例	标记示例
1	普通平键 （GB/T 1097—2003）		$b=8$，$h=7$，$L=25$ 的普通平键（A 型）： GB/T 1097　键 $8 \times 7 \times 25$
2	半圆键 （GB/T 1099.1—2003）		$b=6$，$h=10$，$d_1=25$ 的半圆键： GB/T 1099.1　键 $6 \times 10 \times 25$
3	钩头型楔键 （GB/T 1565—2003）		$b=18$，$h=11$，$L=100$ 的钩头型楔键： GB/T 1565　键 18×100

3. 键联接的画法

轴和轮毂上键槽的画法及尺寸注法，如图 6-21 所示。键槽的宽度 b 可根据轴的直径 d 查键的标准（见附表 15）确定，轴上的槽深 t 和轮毂上的槽深 t_1 也可从标准中查得，键的长度则应根据设计要求按宽度 b 从标准中查。图 6-22、图 6-23、图 6-24 分别为普通平键、半圆键、钩头型楔键联接的画法。

画图时应注意以下几点：

1）主视图中，轴和键均按不剖绘制，而轴上键槽一般采用局部剖视。

2）普通平键和半圆键的两侧面为工作面，上、下两面为非工作面。联接时，键的两侧面与键槽两侧面接触，上面与键槽的顶面之间有间隙。

3）钩头型楔键联接的画法。钩头型楔键的上底面有1：100的斜度，联接时沿轴向将键打入槽内，直至打紧为止。故其上、下两面为工作面，两侧面为非工作面，但画图时两侧面不留间隙。

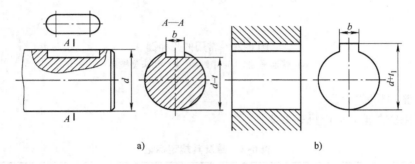

a)　　　　　　　　　　　　　　　b)

图 6-21　键槽的画法与尺寸标注
a）轴上键槽的画法　　b）轮毂上键槽的画法

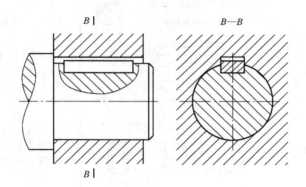

图 6-22　普通平键联接画法

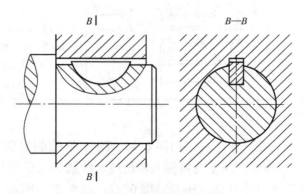

图 6-23　半圆键联接画法

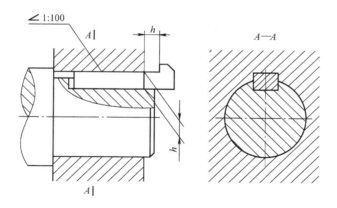

图 6-24　钩头型楔键联接画法

6.2.2　销及销联接

销主要用于零件间的联接或定位。常用的销有圆柱销、圆锥销和开口销等，其结构形式和尺寸可查阅有关标准，常用销标记及其联接画法见表 6-3。

表 6-3　常用销标记及其联接画法

名　称	图　例	标　记	联接图画法
圆柱销		销 GB/T 119.1—2000　$d \times L$ （d 的公差值为 m6）	
圆锥销	1:50	销　GB/T 117—2000　$d \times L$	
开口销		销　GB/T 91—2000　$d \times L$	

6.3　齿轮（GB/T 4459.2—2003）

齿轮是机器设备中应用十分广泛的传动零件，用来传递运动和动力，改变轴的旋向和转速。齿轮各部分参数都已标准化，故它属于常用件。常见的传动齿轮有三种：直齿圆柱齿轮——用于两平行轴间的传动；锥齿轮——用于两相交轴间的传动；蜗杆蜗轮——用于两交错轴间的传动，如图 6-25 所示。本节主要介绍标准直齿圆柱齿轮的基本知识和规定画法。

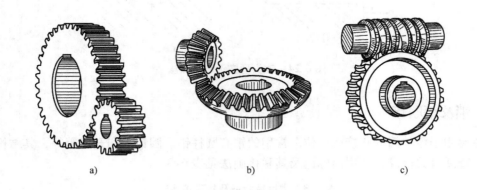

a)　　　　　　　　　b)　　　　　　　　　c)

图 6-25　齿轮传动形式

a）直齿圆柱齿轮　b）锥齿轮　c）蜗杆蜗轮

6.3.1　直齿圆柱齿轮的结构及其要素

1. 齿轮各部分名称及其代号，如图 6-26 所示。

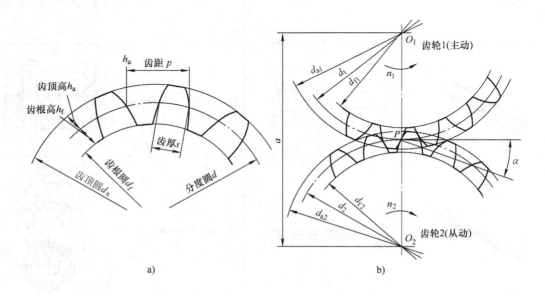

a)　　　　　　　　　　　　　　　　　b)

图 6-26　直齿圆柱齿轮各部分的名称及代号

（1）齿顶圆　通过齿轮各齿顶部的圆，称为齿顶圆，其直径用 d_a 表示。

（2）齿根圆　通过齿轮根部的圆，称为齿根圆，其直径用 d_f 表示。

（3）分度圆　齿轮上一个约定的假想圆，在该圆上，齿槽宽 e（相邻两齿廓之间的弧长）与齿厚 s（一个齿两侧之间的弧长）相等，即 $e = s$，此圆称为分度圆，其直径用 d 表示。分度圆是齿轮设计和加工时计算尺寸的基准圆。

（4）齿距　分度圆上相邻两齿廓对应点之间的弧长称为齿距，用 p 表示，$p = s + e$。

（5）齿高　齿顶圆与齿根圆之间的径向距离称为齿高，用 h 表示。

（6）齿顶高　齿顶圆与分度圆之间的径向距离，称为齿顶高，用 h_a 表示。

（7）齿根高　齿根圆与分度圆之间的径向距离，称为齿根高，用 h_f 表示。

（8）中心距　两啮合齿轮轴线之间的距离，用 a 表示，$a = (d_1 + d_2)/2$。

2. 齿轮参数

（1）齿数　轮齿的个数称为齿数，用 z 表示。

（2）模数　齿距 p 与 π 的比值称为模数，用 m 表示，模数是齿轮设计的重要参数。它是这样引出的：分度圆周长 $= \pi d = pz$，那么 $d = pz/\pi$，令 $p/\pi = m$，则 $d = mz$，式中的 m 即为模数。模数的单位为 mm，一对相互啮合的齿轮的模数相等。模数是计算齿轮的主要参数，且已标准化，见表6-4。

表6-4　直齿圆柱齿轮模数　　　　　　（单位：mm）

第一系列	1　1.25　1.5　2　2.5　3　4　5　6　8　10　12　16　20　25　32　40　50
第二系列	1.125　1.75　2.25　2.75　3.375　3.5　4.5　5.5　（6.5）7　9　11　14　18　22　28　36　45

注：选用时，应优先选用第一系列，括号内的模数尽可能不用。

（3）压力角　两齿轮啮合时，节点处两齿廓的公法线与两分度圆的公切线所夹的角称为压力角，用 α 表示。标准齿轮的压力角为 $\alpha = 20°$。

3. 齿轮各部分尺寸计算

当模数 m 和齿数 z 确定后，标准直齿圆柱齿轮其他各部分尺寸可按表6-5 中的公式计算。

表6-5　标准直齿圆柱齿轮各基本尺寸计算公式基本参数：模数 m 和齿数 z

序　号	名　　称	代　号	计　算　公　式
1	齿距	p	$p = \pi m$
2	齿顶高	h_a	$h_a = m$
3	齿根高	h_f	$h_f = 1.25m$
4	齿高	h	$h = 2.25m$
5	分度圆直径	d	$d = mz$
6	齿顶圆直径	d_a	$d_a = m(z + 2)$
7	齿根圆直径	d_f	$d_f = m(z - 2.5)$
8	中心距	a	$a = m(z_1 + z_2)/2$

6.3.2　直齿圆柱齿轮的规定画法

1. 单个直齿圆柱齿轮的画法

单个直齿圆柱齿轮的画法，如图 6-27 所示。

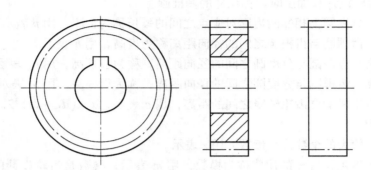

图 6-27　直齿圆柱齿轮的画法

1）齿顶圆和齿顶线用粗实线绘制。

2）分度圆和分度线用细点画线绘制。

3）齿根圆和齿根线用细实线绘制，也可省略不画；在剖视图中，齿根线用粗实线绘制。

4）在剖视图中，当剖切面通过齿轮的轴线时，轮齿一律按不剖处理。

2. 齿轮啮合的画法

一对标准齿轮啮合，它们的模数必须相等、分度圆相切。除啮合区外，其余部分的结构均按单个齿轮绘制。圆柱齿轮啮合的画法如图 6-28 所示，画图时应遵守以下规定：

1）在投影为圆的视图中，两分度圆相切，两齿顶圆用粗实线完整绘制；啮合区内齿顶圆也可省略不画。齿根圆用细实线绘制也可省略不画，如图 6-28a 所示。

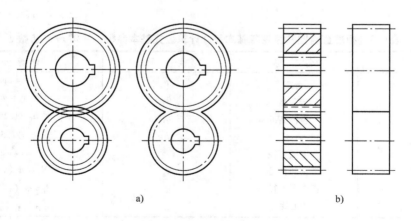

a)　　　　　　　　　　　　　b)

图 6-28　直齿圆柱齿轮啮合的画法

2）在投影为非圆的视图中，在剖视图中，两分度线重合用细点画线绘制，齿根线用粗实线绘制，一个齿轮的齿顶线画粗实线，另一个齿轮的齿顶线画虚线或省略不画。不剖时两分度线重合用粗实线绘制，如图 6-28b 所示。

6.4　滚动轴承（GB/T 4459.7—1998）

轴承分为滑动轴承和滚动轴承，在机器中用来支承旋转的轴。滚动轴承是标准件，它结构紧凑、摩擦阻力小，使用寿命长，被广泛使用。

6.4.1　滚动轴承的结构和类型

1. 滚动轴承的类型

滚动轴承的类型按承受载荷的方向可分为向心轴承、推力轴承和向心推力轴承三类。

1）向心轴承　向心轴承只承受径向的载荷，如深沟球轴承。

2）推力轴承　推力轴承只承受轴向载荷，如推力轴承。

3）向心推力轴承　同时承受轴向和径向载荷，如圆锥滚子轴承。

滚动轴承的类型按滚动体的形状可分为球轴承和滚子轴承两类。

1）球轴承　球轴承是滚动体为球体的轴承。

2）滚子轴承　滚子轴承是滚动体为圆柱滚子、圆锥滚子和滚针等的轴承。

根据滚动体的排列和结构分单列、多列和轻、重、宽、窄系列等。

2. 滚动轴承的结构

滚动轴承的种类很多，但其结构大体相同，如图 6-29 所示滚动轴承一般由内圈（上圈）、外圈（下圈）、滚动体和保持架组成。

（1）外圈　外圈装在机体或轴承座内，一般固定不动或偶做少许转动。

（2）内圈　内圈装在轴上，与轴紧密结合在一起，且随轴一起转动。

（3）滚动体　滚动体装在内、外圈之间的滚道中，有滚珠、滚柱、滚锥等几种类型。

（4）保持架　保持架用以均匀分隔滚动体，防止它们之间相互摩擦和碰撞。

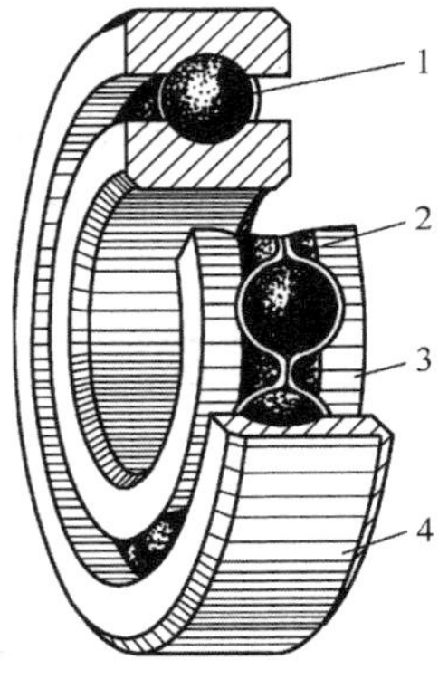

图 6-29　滚动轴承的结构
1—滚动体　2—保持架
3—内圈　4—外圈

6.4.2　常用滚动轴承的画法

滚动轴承是标准件，其结构及外形尺寸均已规范化和系列化，所以在绘制时不必按真实投影画出滚动轴承，可以用通用画法、特征画法和规定画法绘制。GB/T 4459.7—1998 对滚动轴承的画法做了统一规定。

1. 通用画法

当不需要确切表示轴承的外形轮廓、载荷特性、结构特征时，可用矩形线框及位于线框中央正立的不与矩形线框接触的十字符号表示。通用画法应绘制在轴的两侧。通用画法的尺寸比例见表6-6。

表6-6　滚动轴承通用画法的尺寸比例示例

通用画法	需表示外圈无挡边的通用画法	需表示内圈有单挡边的通用画法
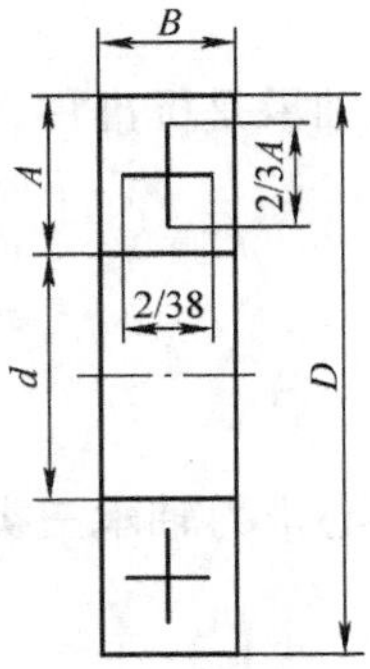	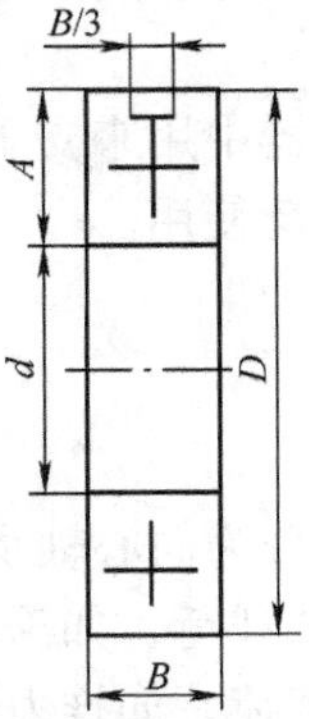	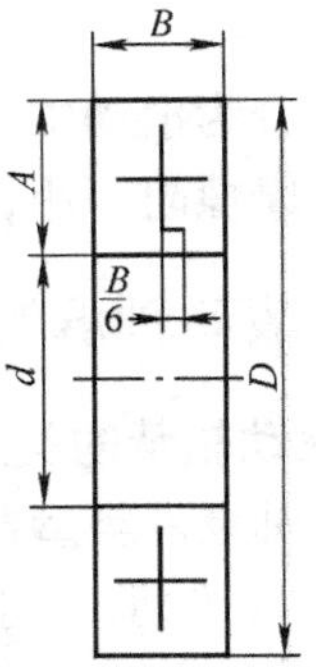

2. 特征画法

在剖视图中，如需较形象地表示滚动轴承的结构特征时，可采用在矩形线框内画出其结构要素符号的方法表示，滚动轴承的结构特征要素符号可在国标中查到。特征画法应绘制在轴的两侧。特征画法的尺寸比例见表6-7。

3. 规定画法

当需要较详细地表达滚动轴承的主要结构时，在产品图样、产品样本、产品标准、用户手册和使用说明书中可采用规定画法绘制滚动轴承。采用规定画法绘制滚动轴承的剖视图时，轴承的滚动体不画剖面线，其各套圈等可画成方向和间隔相同的剖面线。规定画法一般绘制在轴的一侧，另一侧按通用画法绘制。规定画法的尺寸比例见表6-7。

表6-7　特征画法及规定画法的尺寸比例

轴承类型、标准号及代号	结构型式	规定画法	特征画法
深沟球轴承 GB/T 276—1994 60000 型	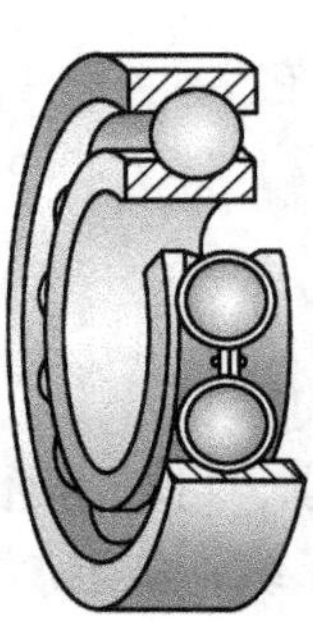	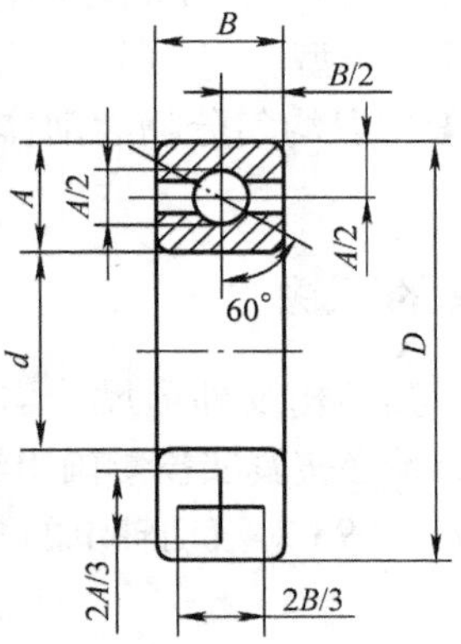	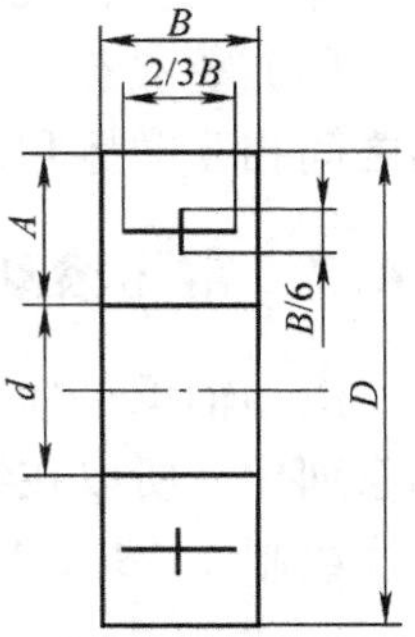

（续）

轴承类型、标准号及代号	结构型式	规定画法	特征画法
推力球轴承 GB/T 301—1995 50000 型	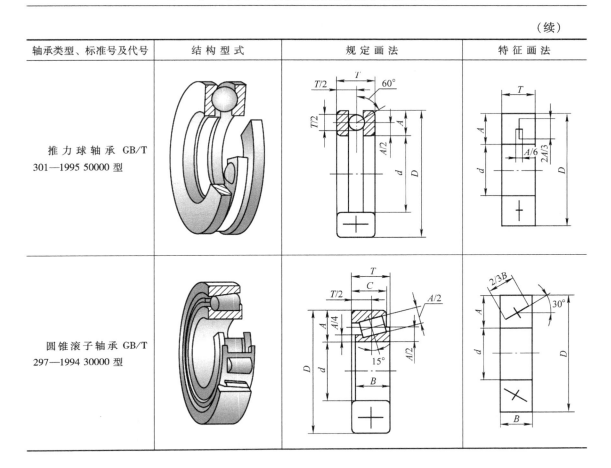		
圆锥滚子轴承 GB/T 297—1994 30000 型			

6.4.3　滚动轴承的代号（GB/T 272—1993）

滚动轴承的代号一般打印在轴承的端面上，由基本代号、前置代号和后置代号三部分组成，排列顺序为：前置代号　基本代号　后置代号

前置代号和后置代号是轴承在结构、尺寸、公差、技术要求等有改变时，在其基本代号左、右添加的补充代号，具体内容可查阅有关的国家标准。

基本代号表示滚动轴承的基本类型、结构及尺寸，是滚动轴承代号的基础。基本代号由轴承类型代号、尺寸系列代号和内径代号构成（滚针轴承除外）。轴承类型代号用阿拉伯数字或大写英文字母表示，见表6-8；尺寸系列代号和内径代号用数字表示。例如：6　2　08、N　21　10。

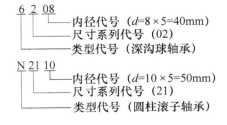

表6-8　滚动轴承类型代号

代　　号	轴 承 类 型
0	双列角接触球轴承
1	调心球轴承
2	调心滚子轴承和推力调心滚子轴承
3	圆锥滚子轴承
4	双列深沟球轴承
5	推力球轴承
6	深沟球轴承
7	角接触球轴承
8	推力圆柱滚子轴承
N	圆柱滚子轴承
U	外球面球轴承
QJ	四点接触球轴承

6.5　弹簧（GB/T 4459.4—2003）

弹簧是机器和仪表上应用广泛的常用件，它的作用是减振、储能、夹紧、复位等。弹簧的种类很多，常见的有螺旋弹簧、涡卷弹簧（图6-30）、板弹簧和碟形弹簧等。

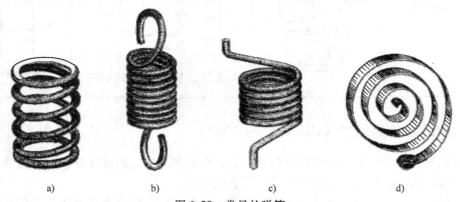

图6-30　常见的弹簧

a）压缩弹簧　b）拉伸弹簧　c）扭转弹簧　d）涡卷弹簧

螺旋弹簧，根据其外形不同，可分为圆柱螺旋弹簧和圆锥螺旋弹簧，其中圆柱螺旋弹簧较为常见。根据所受载荷不同，这种弹簧又可分为压缩弹簧（Y型）、拉伸弹簧（L型）和扭转弹簧（N型）。

6.5.1　圆柱螺旋压缩弹簧各部分的名称及尺寸计算

圆柱螺旋压缩弹簧的各部分名称及结构尺寸计算，如图6-31所示。

1）材料直径 d。材料直径为制造弹簧的钢丝直径（mm）。

2）弹簧外径 D。弹簧外径为弹簧的最大直径（mm）。

3）弹簧内径 D_1。弹簧内径为弹簧的最小直径（mm）。

4）弹簧中径 D_2。弹簧中径为弹簧的平均直径（mm），其值为 $D_2 = (D + D_1)/2 = D_1 + d = D - d$。

5）节距 t。节距为相邻两有效圈在中径上对应点间的轴向距离。

6）有效圈数 n。有效圈数为弹簧上能保持相同节距的圈数。

7）支承圈数 n_2。为使弹簧端面受力均匀、放置平稳，制造时将弹簧两端并紧、磨平，这部分圈数仅起支承作用，称为支承圈数。常见的支承圈数为 $1.5 \sim 2.5$ 圈，2.5 圈为最多。

8）弹簧总圈数 n_1。弹簧的有效圈数和支承圈数之和为总圈数，即 $n_1 = n + n_2$。

9）弹簧的自由高度 H_0。弹簧在未受外力作用时的高度（或长度）称为自由高度，其值为 $H_0 = nt + (n_2 - 0.5)d$。

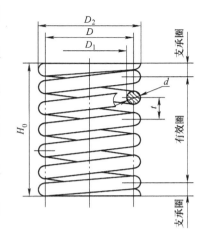

图 6-31　圆柱螺旋压缩弹簧

10）弹簧展开长度 L。绕制弹簧时钢丝的长度，按螺旋线展开的方法可得：$L \approx n_1 \sqrt{(\pi D_2)^2 + t^2}$

11）旋向。螺旋弹簧分为右旋和左旋两种。

6.5.2　圆柱螺旋压缩弹簧的规定画法

1. 弹簧的画法

GB/T 4459.4—2003 对弹簧的画法做了如下规定：

1）在平行于螺旋弹簧轴线投影面的视图中，其各圈的轮廓应画成直线。

2）有效圈数为 4 圈以上时，每端可以只画出 $1 \sim 2$ 圈（支承圈除外），其余省略不画。

3）螺旋弹簧均可画成右旋，但左旋弹簧不论画成左旋或右旋，均需注写旋向"左"。

4）螺旋压缩弹簧如要求两端并紧且磨平时，无论支承圈多少均按支承圈 2.5 圈绘制，必要时也可按支承圈的实际结构绘制。

弹簧的表示方法有剖视图、视图和示意图画法，如图 6-32 所示。圆柱螺旋压缩弹簧的画图步骤如图 6-33 所示。

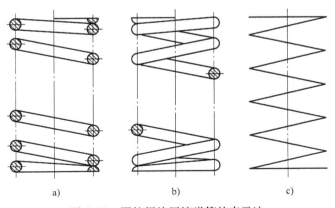

a)　　　　　　　　　b)　　　　　　　　　c)

图 6-32　圆柱螺旋压缩弹簧的表示法

a）剖视图　b）视图　c）示意图

2. 装配图中弹簧的简化画法

在装配图中，弹簧被看做实心物体，因此，被弹簧挡住的结构一般不画出。可见部分应画至弹簧的外轮廓或弹簧的中径处，如图 6-34a、b 所示。当弹簧丝直径在图形上小于或等于 2mm 并被剖切时，其剖面可以涂黑表示，如图 6-34b 所示。也可采用示意画法，如图 6-34c 所示。

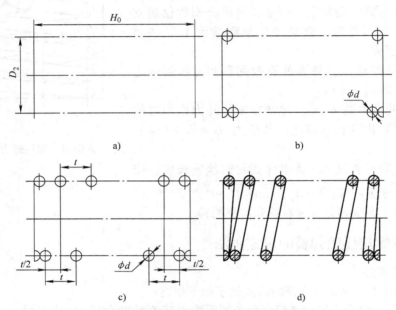

图 6-33 圆柱螺旋压缩弹簧的画图步骤

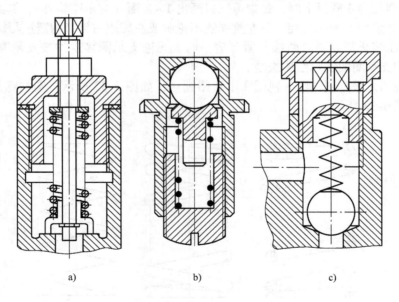

图 6-34 装配图中弹簧的画法

a）被弹簧遮挡处的画法 b）弹簧丝断面涂黑 c）弹簧丝示意画法

第 7 章　零件图的绘制与识读

【知识目标】

了解零件图的作用和内容；了解零件的视图选择原则和结构工艺性；掌握零件图的尺寸和技术要求的正确标注方法；掌握典型零件的测绘方法。

【能力目标】

具有正确的阅读零件图和进行典型零件的测绘能力。

【本章简介】

任何一台机器或一个部件，都是由若干个零件按一定的装配关系和技术要求装配起来的。表达单个零件结构形状、尺寸大小和技术要求的图样称为零件图，它是制造和检验零件的主要依据。零件通常可分为标准件（紧固件、键、销、滚动轴承、油杯等）和非标准件（轴套类、盘盖类、叉架类、箱体类等）。

7.1　零件图概述

7.1.1　零件图的作用

零件图是零件生产和检验的依据，是设计部门和生产部门重要的技术文件。零件的毛坯制造、机械加工工艺路线的制定、工序图的绘制以及加工检验等，都要根据零件图来进行，因此，在画零件图时必须使图样正确无误、清晰易懂。

7.1.2　零件图的内容

图 7-1 所示为球阀阀盖零件图，从图中可知，一张足以成为加工和检验依据的零件图应包括以下基本内容。

1. 一组图形

综合运用视图、剖视图和断面图等表达方法，准确、清晰、简便地表达出零件的内、外结构形状。

2. 尺寸标注

应正确、完整、清晰、合理地标注出零件的尺寸。

3. 技术要求

用国家标准中规定的符号、数字、字母和文字等标注或说明零件在制造、检验、装配时应达到的各项技术要求，如表面粗糙度、尺寸公差、几何公差、热处理、表面处理等。

4. 标题栏

标题栏在图样的右下角，根据标题栏的格式要求填写栏目中的内容。

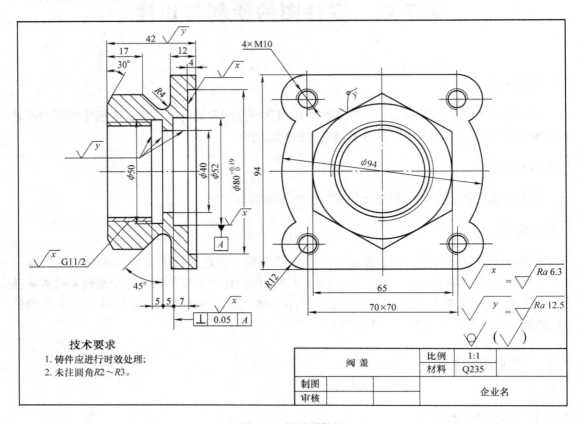

图 7-1　阀盖零件图

7.1.3　零件上常见的工艺结构

1. 铸造工艺结构

（1）铸造圆角和起模斜度　为了防止铸件从砂型中起模时砂型尖角落砂或浇注铁液时冲坏砂型尖角处而产生砂孔，避免应力集中而产生裂纹等铸造缺陷，在铸件各表面相交处均应以圆角过渡，如图 7-2 所示。铸造圆角的大小一般为 R3~R5，可集中注写在技术要求中。铸造圆角在图样上应画出。当有一个表面加工后圆角被切去，此时应画成尖角。

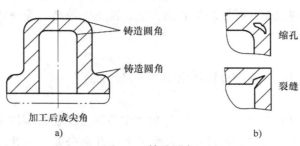

a)　　　　　　　　　　　　　b)

图 7-2　铸造圆角

造型后为便于将木模从砂型中取出，铸件的内外壁上，沿起模方向常设计出一定的斜度，称为起模斜度。起模斜度一般取 1°～3°，通常不在零件图上画出，只在技术要求中说明，如图 7-3 所示。

图 7-3　铸件的起模斜度示意图

a）合理　b）不合理

（2）铸件壁厚要均匀　铸件各部分壁厚应尽量均匀，在不同壁厚处应逐渐过渡，以免在逐渐冷却的过程中，在较厚处形成热结，产生缩孔。铸件壁厚应直接注出，如图 7-4 所示。

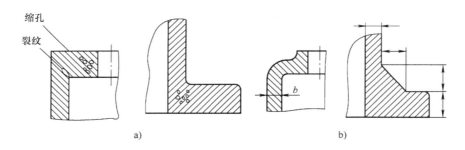

图 7-4　壁厚应力求均匀一致

a）不合理　b）合理

2. 机械加工工艺结构

（1）倒角和圆角　为便于装配、保护零件表面不受损伤和去掉切削零件时产生的毛刺、防止锐边划伤手指，常在轴端、孔口、台肩处加工出倒角，如图 7-5 所示。

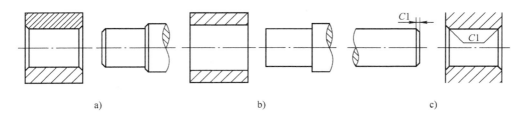

图 7-5　倒角结构

a）合理　b）不合理　c）倒角标注

为避免在轴肩、孔肩等转折处，由于应力集中而产生裂纹，常在这些转折处加工出圆角，如图 7-6 所示。

（2）退刀槽和砂轮越程槽　在车削螺纹或磨削加工时，为便于刀具（或砂轮）退刀以

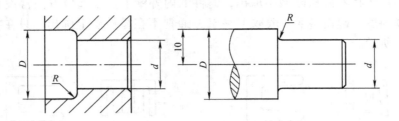

图7-6　圆角结构

及保证在装配时与相邻零件靠紧，常在待加工表面的末端加工出退刀槽或砂轮越程槽，如图7-7所示。退刀槽和砂轮越程槽的结构和尺寸可查阅附表5。

（3）钻孔　零件上的孔多数是以钻削为主，用钻头钻孔时，应使钻头垂直零件表面，以保证钻孔精度，避免钻头折断。在曲面、斜面上钻孔时，一般应在孔端制成凸台或凹坑，避免钻头单边受力产生偏移或折断，如图7-8所示。

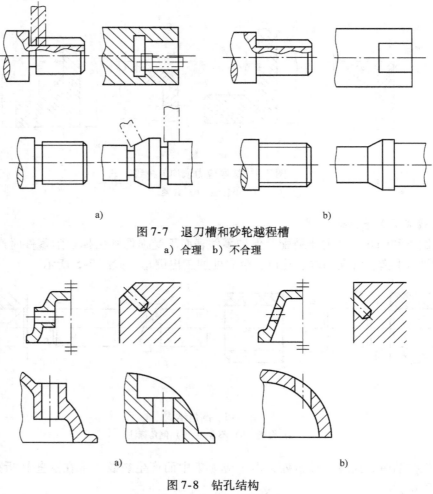

a)　　　　　　　　　　　　　　　　　b)

图7-7　退刀槽和砂轮越程槽

a）合理　b）不合理

a)　　　　　　　　　　　　　　　　　b)

图7-8　钻孔结构

a）合理　b）不合理

钻削不通孔要画出钻头切削时自然形成的 120° 锥角，如图 7-9 所示。

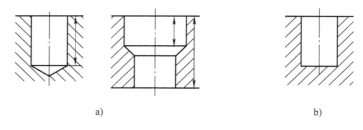

图 7-9 钻孔合理结构
a) 合理 b) 不合理

（4）凹槽、凹坑和凸台 为了保证加工表面的质量、节省材料、减轻零件重量、降低制造费用、提高零件加工精度、保证装配精度，应尽量减少加工面。为此，常在零件上设计出凸台、凹槽、凹坑或沉孔，如图 7-10 所示。

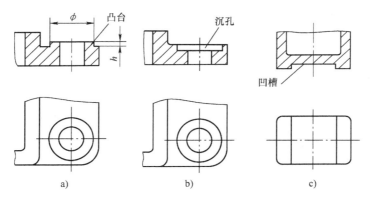

图 7-10 凸台、沉孔和凹槽
a) 合理 b) 合理 c) 不合理

7.1.4 零件图表达方案的选择

零件图合理的表达方案要综合运用各种表达方法，准确、清晰地表达出零件的结构形状，并使图形绘制简单、便于看图。确定零件图表达方案的一般步骤如下。

1. 分析结构形状

零件的结构形状是由它在机器或部件中的作用、装配关系和制造方法等因素决定的。零件的结构形状及其加工位置或工作位置不同，视图的选择也不同。因此，在选择零件视图之前，应首先对零件进行结构分析，并了解零件的加工、工作情况，以便准确地表达出零件的结构形状，反映零件的设计和工艺要求。

零件通常应按其结构形状归类，便于类比地确定零件图的视图表达方案。

2. 主视图的选择

主视图是表达零件结构形状最重要的视图。零件主视图的选择将直接影响到其他视图的选择、配置以及是否便于看图，也影响甚至决定零件的表达方案是否合理。一般来说，主视图的选择应满足如下三个基本原则。

（1）加工位置原则　　加工位置是指零件在机床上的主要加工工序中的装夹位置。按加工位置画主视图便于看图加工和测量。对于轴套类、盘盖类等零件，其机械加工主要是在车床上完成的，因此，一般要按加工位置原则即将其轴线水平放置来选取主视图。

（2）工作位置原则　　工作位置是指零件在机器或部件中工作时所处的位置。零件主视图的选择，应尽量与零件在机器中的工作位置一致，这样便于根据装配关系来考虑零件的结构及有关尺寸，也便于想象零件在部件中的位置和作用。对于叉架类、箱体类零件，由于其结构形状比较复杂，加工工序较多，各工序装夹位置不同且难分主次，一般应按工作位置原则选择主视图。

（3）形状特征原则　　在不满足如上两个原则，或者按上述两个原则选择主视图方向不便于表达零件结构特点时，应选用形状特征原则，即将零件放平摆正后，比较分析并选择最能反映零件结构形状的方向作为主视图方向。

3. 其他视图的选择

主视图确定后，应根据零件结构形状的复杂程度，选取其他视图，确定合适的表达方案，完整、清晰地表达出零件的结构形状。其他视图的选择，应注意以下几点：

1）优先选用基本视图，每个视图都要有明确的表达目的。要综合运用剖视图、断面图、局部视图等表达方法，合理布置视图位置，确定合适的表达方案。

2）视图的数量取决于零件结构的复杂程度，在完整、清晰地表达出零件结构的前提下，尽量减少视图数量。但对复杂形体和尚未表达清楚的结构，适当地增加视图或重复是必要的。

3）表达方案不是唯一的，一般可拟出几种不同的表达方案进行比较，以选定一种较好的表达方案。

7.2　零件图的尺寸标注

零件图所注尺寸是零件加工制造的主要依据，应正确、完整、清晰、合理地标注出零件的尺寸。所谓尺寸标注合理是指零件图上所注尺寸既要保证设计要求，又要满足加工、测量、检验和装配等工艺要求。

7.2.1　合理选择尺寸基准

要使零件图尺寸标注合理，首先必须根据零件的结构形状和工艺特点，确定恰当的尺寸基准。

一般按用途来分，基准分为设计基准和工艺基准。设计基准是根据设计要求，在所绘制图样上标注尺寸时选定的尺寸基准。工艺基准是在加工、测量、检验时所选定的尺寸基准。

标注尺寸时应尽可能将设计基准与工艺基准统一起来，即工艺基准与设计基准要重合，称为"基准重合原则"。这样既能满足设计要求，又能满足工艺要求。当遇到设计要求和工艺要求相矛盾时，一般应首先满足设计要求，在此前提下，力求满足工艺要求。

如果按主次所处位置来分，基准可分为主要基准和辅助基准。任何一个零件都有长、宽、高三个方向（或轴向、径向两个方向）的尺寸，每个方向至少要有一个基准。同一方向上有多个基准时，其中必定有一个是主要的，称为主要基准。

一般情况下，选作零件图尺寸基准的线和面主要有以下几种：

1）轴套类零件的轴线、轴肩平面。

2）零件的底面。

3）零件的对称平面。

4）零件的主要支承面、安装面、配合面以及主要加工面。

5）零件上主要回转结构的轴线。

7.2.2　尺寸标注合理性的基本要求

1. 主要尺寸应从设计基准出发直接注出

为保证设计精度的要求，应将主要尺寸从设计基准出发直接标注在零件图上。零件的主要尺寸又称功能尺寸，是指影响机器性能、工作精度、装配精度的尺寸。主要尺寸是加工过程中重点保证的尺寸。因此，主要尺寸一定要直接注出。

图 7-11a 中的轴承座中心高尺寸 a 是主要尺寸，应直接标注，而图 7-11b 中轴承座加工后中心高 a 的误差为尺寸 b 和 c 误差之和，这样标注不能保证尺寸 a 的精度。

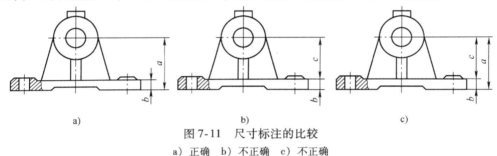

图 7-11　尺寸标注的比较

a）正确　b）不正确　c）不正确

2. 避免注成封闭的尺寸链

如果同一方向的尺寸首尾相接构成封闭的尺寸链，如图 7-11c 所示，尺寸链中任一环的尺寸误差都将等于其他各环尺寸误差之和，所以注成封闭尺寸链时不能同时满足各组成环的尺寸精度。

标注尺寸时应在尺寸链中选一个不重要的环不标注尺寸，该环称为开口环。如图 7-11c 中应将尺寸 c 作为开口环，将尺寸 a、b 的加工误差累积到尺寸 c 上。

3. 考虑加工工艺要求

零件的尺寸标注应考虑便于加工和测量，如图 7-12 所示。

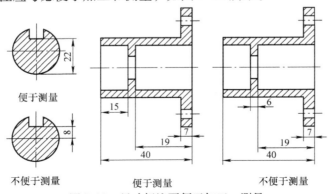

图 7-12　尺寸标注要便于加工、测量

4. 零件上常见结构的尺寸注法

零件上常见零件结构的尺寸注法见表 7-1。

表 7-1　　常见结构要素的尺寸标注

零件结构类型		标注方法	说　　明
螺孔	通孔	4×M6—6H　　4×M6—6H　　4×M6—6H	4 个 M6—6H 的螺纹通孔
	盲孔	4×M6—6H▽10　4×M6—6H▽10　　4×M6—6H 孔▽12　　　孔▽12　　　　10　12	4 个 M6—6H 的螺纹盲孔，螺纹孔深 10，攻螺纹前钻孔深 12
光孔	一般孔	4×ϕ6▽10　　4×ϕ6▽10　　　4×ϕ6 　　　　　　　　　　　　10	4 个 ϕ6 深 10 的孔
	精加工孔	4×ϕ6H7▽10　4×ϕ6H7▽10　　4×ϕ6H7 孔▽12　　　孔▽12　　　　10　12	4 个 ϕ6 深 12、精加工深 10 的孔
	锥销孔	锥销孔ϕ5　　2×锥销孔ϕ5 配作　　　　配作	ϕ5 为圆锥销的小头直径

（续）

零件结构类型		标注方法	说　明
沉孔	锥形沉孔	$4\times\phi7$　$4\times\phi7$　$90°$	4 个 $\phi7$ 带锥形埋头孔，锥孔口直径为 13，锥面顶角为 90°的孔
	柱形沉孔	$4\times\phi6$　$4\times\phi6$　$\phi12$	4 个 $\phi6$ 带圆柱形沉头孔，沉孔直径 12，深 3.5 的孔
	锪平面	$4\times\phi7$　$4\times\phi7$　$\phi16$	4 个 $\phi7$ 带锪平孔，锪平孔直径为 16 的孔；锪平孔不需标注深度，一般锪平到不见毛面为止
平键键槽			这样标注便于测量
退刀槽			退刀槽一般可以按"槽宽×直径"或"槽宽×槽深"的形式标注
倒角			当倒角为 45°时，可以在倒角距离前加符号"C"；当倒角非 45°时，则分别标注

7.3　零件图上的技术要求

7.3.1　表面结构的图样表示法

为了保证零件装配后的使用要求，要根据功能需要对零件的表面结构给出质量要求。表面结构是表面粗糙度、表面波纹度、表面缺陷、表面纹理和表面几何形状的总称。表面结构的图样表示法在 GB/T 131—2006 中均有具体规定。

1. 表面粗糙度的概念

在加工过程中，因刀具与零件间的摩擦、机床的振动以及刀具形状、切屑分裂时的塑性变形等因素影响，看似很光滑的表面，放在显微镜下观察，会发现零件表面存在着高低不平的微小峰谷。零件表面所具有的由较小间距和峰谷所组成的微观几何形状特征称为表面粗糙度，如图7-13所示。

图 7-13　表面粗糙度

表面粗糙度是评定零件表面质量的一项重要技术指标，对于零件的配合、耐磨性、耐蚀性及密封性等都有显著影响，是零件图中必不可少的一项技术要求。

零件表面粗糙度的选用应该既满足零件表面的功能要求，又要考虑经济合理。一般情况下，凡零件上有配合要求或有相对运动的表面，粗糙度参数值要小，参数值越小，表面质量越高，但加工成本也越高。因此，在满足使用要求的前提下，应尽量选用较大的粗糙度参数值，以降低成本。

2. 评定表面结构常用的轮廓参数

对于零件表面结构的情况，可由三大类参数加以评定：轮廓参数（由 GB/T 3505—2009 定义）、图形参数（由 GB/T 18618—2009 定义）、支承率曲线参数（由 GB/T 18778.2—2003 和 GB/T 18778.3—2006 定义）。其中轮廓参数是目前我国机械图样中最常用的评定参数。这里仅介绍评定粗糙度轮廓（R 轮廓）中的两个高度参数 Ra 和 Rz。

（1）算术平均偏差 Ra　算术平均偏差是指在一个取样长度内纵坐标值 $Z(x)$ 绝对值的算术平均值，如图 7-14 所示。

（2）轮廓的最大高度 Rz　轮廓的最大高度是指在同一取样长度内，最大轮廓峰高和最大轮廓谷深之和的高度，如图 7-14 所示。

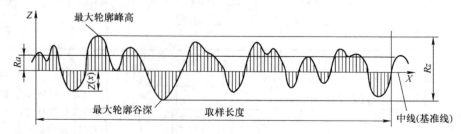

图 7-14　评定表面结构常用的轮廓参数

表 7-2 列出了国家标准推荐的 Ra 优先选用系列，补充系列可参照相关标准。

表 7-2　评定轮廓算术平均偏差 Ra 的数值　　（单位：μm）

0.012	0.025	0.05	0.1	0.2	0.4	0.8
1.6	3.2	6.3	12.5	25	50	100

表 7-3 列出了算术平均偏差 Ra 的应用。

表 7-3　轮廓算术平均偏差 Ra 的应用举例

Ra/μm	加工方法	应用举例
100 50 25 12.5	气割、锯、模锻、粗刨、粗铣、粗车、钻孔、粗砂轮等加工	在混凝土基础上的机座底面等
		非配合表面，如倒角、退刀槽、轴端面、齿轮及带轮侧面，螺钉孔，支架、外壳、衬套、盖等端面，平键及键槽上、下面等
6.3 3.2 1.6	半精车、半精铣、半精刨、精镗、精铰、刮研等	要求有定心及配合特性的固定支承面，轴肩、键和键槽工作面，燕尾槽表面，箱体结合面，低速转动的轴颈，V 带带轮槽表面等
0.8 0.4 0.2	精车、精铣、精拉、精铰、半精磨等	中速转动轴颈，过盈配合的孔 H7，间隙配合的孔 H8、H7，滑动导轨面，滑动轴承轴瓦的工作面，分度盘表面，曲轴、凸轮的工作面等
0.1 0.05 0.025 0.012	精磨、抛光、研磨、珩磨、金刚车、超精加工等	活塞和活塞销表面，要求气密的表面，齿轮泵轴颈，液压传动孔表面，阀的工作面，气缸内表面等
		摩擦离合器的摩擦表面，量块工作面，高压油泵中柱塞和柱塞套的配合表面，仪器的测量表面，光学测量仪器中的金属镜面等

3. 标注表面结构的图形符号

标注表面结构要求时的图形符号种类、名称、尺寸及其含义见表 7-4。

表 7-4　表面结构符号

符号名称	符　　号		含　　义
基本图形符号		$d' = 0.35\text{mm}$（d'—符号线宽） $H_1 = 3.5\text{mm}$ $H_2 = 7\text{mm}$	基本符号，表示表面可用任何方法获得，当不加注表面结构参数值或有关说明（如表面处理、局部热处理状况等）时，仅适用于简化代号标注
扩展图形符号			基本符号加一短画，表示表面是用去除材料的方法获得的，如车、铣、钻、磨、剪切、抛光、腐蚀、电火花加工、气割等
			基本符号加一小圆，表示表面是用不去除材料的方法获得的，如铸、锻、冲压变形、热轧、冷轧、粉末冶金等

（续）

符号名称	符　号	含　义
完整图形符号		在以上各种符号的长边上加一横线，以便注写对表面结构的各种要求
工件轮廓各表面的图形符号		在上述三个符号的长边上可加一小圆，表示对投影视图上封闭的轮廓线所表示的各表面有相同的表面结构要求

注：表中 d'、H_1 和 H_2 的大小是当图样中尺寸数字高度选取 $h=3.5$mm 时按 GB/T 131—2006 的相应规定给定的。表中 H_2 是最小值，必要时允许加大。

4. 表面结构代号

表面结构符号中注写了具体参数代号及数值等要求后即称为表面结构代号。表面结构代号的示例及含义见表7-5。

表7-5　表面结构代号示例

序号	代号示例	含义/解释
1	$Ra\,0.8$	表示不允许去除材料，单向上限值，R 轮廓，算术平均偏差 $0.8\mu m$
2	$Rzmax\,0.2$	表示去除材料，单向上限值，R 轮廓，粗糙度最大高度的最大值 $0.2\mu m$

5. 表面结构表示法在图样中的注法

表面结构要求对每一表面一般只注一次，并尽可能注在相应的尺寸及其公差的同一视图上。除非另有说明，所标注的表面结构要求是对完工零件表面的要求，见表7-6。

表7-6　表面结构表示法在图样中的注法

图　例	说　明
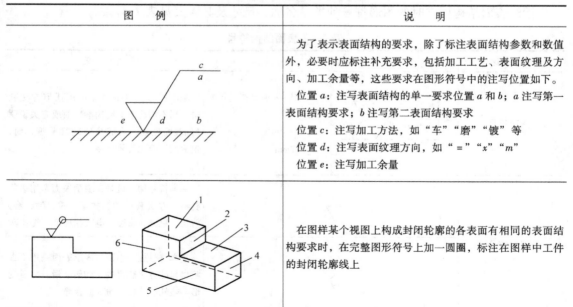	为了表示表面结构的要求，除了标注表面结构参数和数值外，必要时应标注补充要求，包括加工工艺、表面纹理及方向、加工余量等，这些要求在图形符号中的注写位置如下。 位置 a：注写表面结构的单一要求位置 a 和 b；a 注写第一表面结构要求；b 注写第二表面结构要求 位置 c：注写加工方法，如"车""磨""镀"等 位置 d：注写表面纹理方向，如"＝""x""m" 位置 e：注写加工余量
	在图样某个视图上构成封闭轮廓的各表面有相同的表面结构要求时，在完整图形符号上加一圆圈，标注在图样中工件的封闭轮廓线上

（续）

图　例	说　明
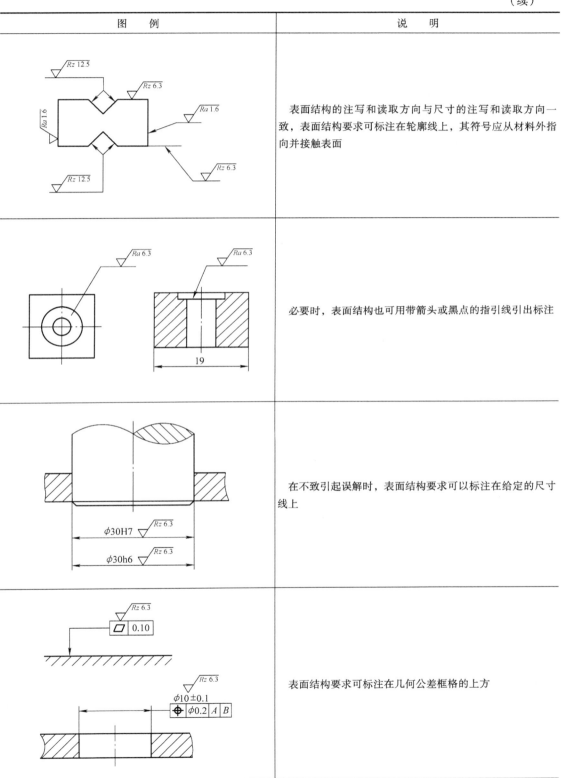	表面结构的注写和读取方向与尺寸的注写和读取方向一致，表面结构要求可标注在轮廓线上，其符号应从材料外指向并接触表面
	必要时，表面结构也可用带箭头或黑点的指引线引出标注
	在不致引起误解时，表面结构要求可以标注在给定的尺寸线上
	表面结构要求可标注在几何公差框格的上方

（续）

图　例	说　明
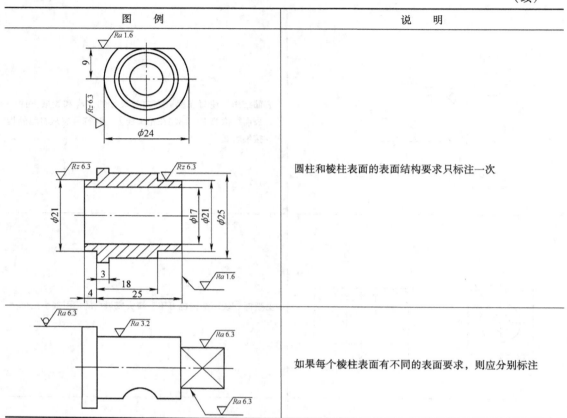	圆柱和棱柱表面的表面结构要求只标注一次
	如果每个棱柱表面有不同的表面要求，则应分别标注

6. 表面结构要求在图样中的简化注法

具有相同表面结构要求的简化注法见表 7-7。

表 7-7　有相同表面结构要求的简化注法

图　例	说　明
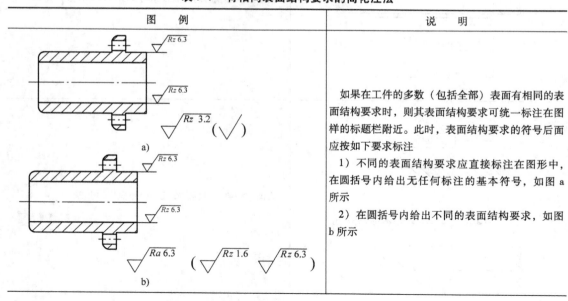	如果在工件的多数（包括全部）表面有相同的表面结构要求时，则其表面结构要求可统一标注在图样的标题栏附近。此时，表面结构要求的符号后面应按如下要求标注 　1）不同的表面结构要求应直接标注在图形中，在圆括号内给出无任何标注的基本符号，如图 a 所示 　2）在圆括号内给出不同的表面结构要求，如图 b 所示

（续）

图　例	说　明
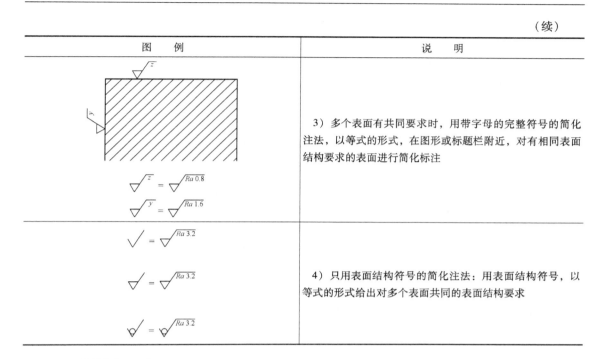	3）多个表面有共同要求时，用带字母的完整符号的简化注法，以等式的形式，在图形或标题栏附近，对有相同表面结构要求的表面进行简化标注
	4）只用表面结构符号的简化注法：用表面结构符号，以等式的形式给出对多个表面共同的表面结构要求

7.3.2　极限与配合

1. 互换性的概念

互换性是指在同一规格的一批零部件中，任取其一，不经任何选择或修配就能装配到机器（或部件）上，并达到规定的使用要求。机器现代化大生产中，机器的零部件应具有互换性，以便广泛地组织协作，进行高效率的专业化生产，从而降低产品的生产成本，提高产品质量，方便使用与维修，取得最佳的经济效益。

2. 极限与配合的相关概念

以图 7-15 为例介绍极限相关的术语。

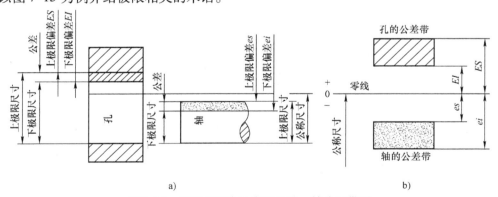

a)　　　　　　　　　　　b)

图 7-15　极限与配合示意图及孔、轴公差带图

a）示意图　b）孔、轴公差带图

（1）尺寸

1）公称尺寸（D、d）。根据零件结构和强度要求，设计给出的尺寸称为公称尺寸，根

据公称尺寸应用上下极限偏差可以计算出极限尺寸。

2）实际尺寸（D_a、d_a）。经过测量所得的尺寸的尺寸称为实际尺寸，它是用测量尺寸来近似表达的零件的真实尺寸。

3）极限尺寸。允许零件尺寸变化的两个极限值称为极限尺寸。两个极限值为上极限尺寸（D_{max}、d_{max}）和下极限尺寸（D_{min}、d_{min}）。

（2）公差与偏差

1）偏差。零件实际尺寸减去其公称尺寸所得的代数差，称为偏差。上极限尺寸减其公称尺寸所得的代数差为上极限偏差，下极限尺寸减其公称尺寸所得的代数差为下极限偏差，上极限偏差和下极限偏差统称极限偏差。孔的上、下极限偏差代号用大写字母 ES、EI 表示；轴的上、下极限偏差代号用小写字母 es、ei 表示。

2）尺寸公差（简称公差）。尺寸公差是指允许尺寸的变动量，即上极限尺寸与下极限尺寸之差，或上极限偏差与下极限偏差之差。公差仅表示尺寸允许变动的范围，是无正、负之分的绝对值，且不为零。孔和轴的公差分别用 T_h、T_s 表示。

3）零线。在公差带图中，确定偏差位置的一条基准直线，称为零偏差线，简称零线。通常以零线表示公称尺寸，如图 7-15b 所示。

零线沿水平方向绘制，零线之上的偏差为正，零线之下的偏差为负。在零线左端标上"0"和"＋""－"号。

4）公差带。在公差带图中，由代表上极限偏差和下极限偏差或上极限尺寸和下极限尺寸的两条直线所限定的一个区域。它是由公差带大小和其相对零线的位置来确定的。

5）尺寸公差带图。由于公差或偏差的数值与公称尺寸数值相差甚大，不便用同一比例表示，同时为便于分析将其简化，不画孔、轴的结构，仅画出放大的孔、轴公差带来分析问题。这种表示公称尺寸和尺寸公差大小、位置的图形，称为公差带图。

图 7-15b 所示为孔、轴公差带图，为区别轴、孔的公差带，孔公差带区域用剖面线表示，轴公差带区域用点表示。公差带方框的左右长度可根据需要任意确定。

公差带包括"公差带大小"和"公差带位置"两个参数。公差带大小由标准公差确定，公差带位置由基本偏差确定。

（3）公差的确定

1）标准公差。标准公差是指用以确定公差带大小的任一公差，用符号"IT"表示。标准公差分为 20 个等级，即 IT01，IT0，IT1，…，IT18。IT 表示标准公差，后面的数字表示公差等级，IT01 级的精度最高，等级依次降低，IT18 级的精度最低。注意：对一定的公称尺寸而言，公差等级越高，公差数值越小，尺寸精度越高。标准公差数值可查附表 21。

2）基本偏差。基本偏差是确定公差带相对于零线位置的上极限偏差或下极限偏差，一般指靠近零线的那个极限偏差。当公差带位于零线上方时，其基本偏差为下极限偏差；当公差带位于零线下方时，其基本偏差为上极限偏差，如图 7-16 所示。

3）基本偏差系列。根据实际需要，国家标准规定了基本偏差系列，孔和轴各有 28 种基本偏差代号，用英文字母表示，如图 7-16 所示，大写字母表示孔的基本偏差代号，小写字母表示轴的基本偏差代号。

图 7-16 中，基本偏差只表示公差带的位置，而不表示公差带的大小，故公差带一端画成开口。国家标准对不同的公称尺寸和基本偏差规定了轴和孔的基本偏差数值。

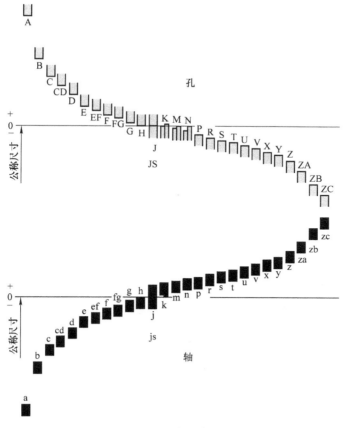

图 7-16　基本偏差系列

4）公差带代号。公差带代号由基本偏差代号和标准公差等级代号组成。如：H8——基本偏差代号为 H，公差等级为 8 级的孔公差带代号；f7——基本偏差代号为 f，公差等级为 7 级的轴公差带代号。

5）公差的查表、计算。例如：标注 ϕ50H7。H7 是表示公差带大小和位置的代号，其偏差的具体数值还需查表计算，如查附表 23 中孔的极限偏差表可知 ϕ50H7 的上极限偏差值为 +0.025mm，下极限偏差值为 0mm，孔的尺寸可写为 $\phi 50^{+0.025}_{0}$ mm。

（4）配合类别　公称尺寸相同且相互结合的孔和轴公差带之间的关系称为配合，它反映了孔和轴之间的松紧程度。按配合性质不同，配合可分为间隙配合、过渡配合和过盈配合三类。

1）间隙配合。孔的公差带完全在轴的公差带之上，任取其中一对轴和孔相配都成为具有间隙的配合（包括最小间隙为零），如图 7-17 所示。

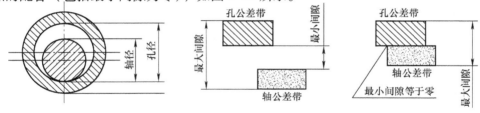

图 7-17　间隙配合

2）过盈配合。孔的公差带完全在轴的公差带之下，任取其中一对轴和孔相配都成为具有过盈的配合（包括最小过盈为零），如图7-18所示。

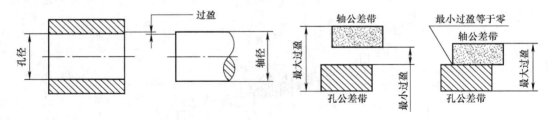

图7-18 过盈配合

3）过渡配合。孔和轴的公差带相互交叠，任取其中一对孔和轴相配合，可能具有间隙，也可能具有过盈的配合，如图7-19所示。

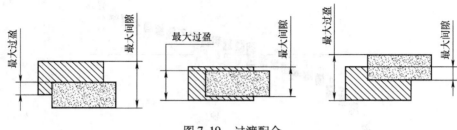

图7-19 过渡配合

（5）基准制 公称尺寸相同的孔、轴公差带组合起来，就可组成各种不同的配合。为简化起见，可固定其一而变更另一个，即可满足不同的使用要求。为此，国家标准对孔、轴配合规定了两种基准制。

1）基孔制。基本偏差固定的孔的公差带，与不同基本偏差的轴的公差带形成各种配合的一种基准制。基孔制中的孔称为基准孔，H为基准孔的基本偏差代号，基本偏差为下极限偏差，且为零，上极限偏差为正值。

2）基轴制。基本偏差固定的轴的公差带，与不同基本偏差的孔的公差带形成各种配合的一种基准制。基轴制中的轴称为基准轴，h为基准轴的基本偏差代号，基本偏差为上极限偏差，且为零，下极限偏差为负值。

3. 公差与配合的选用

（1）基准制的选择

1）一般情况，应优先选用基孔制，这是因为孔比轴难加工。

2）与标准件配合时，基准制依据标准件而定，如滚动轴承的内圈与轴的配合应选用基孔制，而外圈与座孔的配合则应选用基轴制。

（2）公差等级的选择 公差等级的选用原则是在满足零件使用要求的前提下，尽可能选用较低的公差等级，以减少零件的制造成本。注意：由于孔比轴难加工，应选择孔的公差等级比轴的低一级，如7级轴配8级孔。此外，孔和轴也可采用相同公差等级。公差等级的选择常用类比法确定。

（3）配合的选择 设计中应根据使用要求，尽可能选用优先配合和常用配合。优先配合、常用配合见表 7-8 和表 7-9 所列。

　　配合选用的常用方法是类比法，即在对现有的机械设备上行之有效的一些配合有充分了解的基础上，对技术要求和工作条件与之类似的配合件，用参照类比的方法确定配合。

　　当零件之间具有相对转动、移动或无相对运动但需经常拆卸时，必须选择间隙配合；当零件之间无键、销等紧固件，只依靠结合面之间的过盈来实现传动时，必须选择过盈配合；当零件之间无相对运动，同轴度要求较高，且不依靠配合传递动力时，常选择过渡配合。

表 7-8　基孔制优先配合、常用配合

基准孔	轴																				
	a	b	c	d	e	f	g	h	js	k	m	n	p	r	s	t	u	v	x	y	z
	间隙配合								过渡配合				过盈配合								
H6						H6/f5	H6/g5	H6/h5	H6/js5	H6/k5	H6/m5	H6/n5	H6/p5	H6/r5	H6/s5	H6/t5					
H7						H7/f6	**H7/g6**	**H7/h6**	H7/js6	**H7/k6**	H7/m6	**H7/n6**	**H7/p6**	H7/r6	**H7/s6**	H7/t6	**H7/u6**	H7/v6	H7/x6	H7/y6	H7/z6
H8					H8/e7	**H8/f7**	H8/g7	**H8/h7**	H8/js7	H8/k7	H8/m7	H8/n7	H8/p7	H8/r7	H8/s7	H8/t7	H8/u7				
				H8/d8	H8/e8	H8/f8		H8/h8													
H9			H9/c9	**H9/d9**	H9/e9	H9/f9		**H9/h9**													
H10			H10/c10	H10/d10				H10/h10													
H11	H11/a11	H11/b11	**H11/c11**	H11/d11				**H11/h11**													
H12		H12/b12						H12/h12													

注：加黑框黑体字的配合为优先配合。

表 7-9　基轴制优先配合、常用配合

基准轴	孔																				
	A	B	C	D	E	F	G	H	JS	K	M	N	P	R	S	T	U	V	X	Y	Z
	间隙配合								过渡配合				过盈配合								
h5						F6/h5	G6/h5	H6/h5	JS6/h5	K6/h5	M6/h5	N6/h5	P6/h5	R6/h5	S6/h5	T6/h5					
h6						F7/h6	**G7/h6**	**H7/h6**	JS7/h6	**K7/h6**	M7/h6	**N7/h6**	**P7/h6**	R7/h6	**S7/h6**	T7/h6	**U7/h6**				
h7					E8/h7	**F8/h7**		**H8/h7**	JS8/h7	K8/h7	M8/h7	N8/h7									
h8				D8/h8	E8/h8	F8/h8		H8/h8													
h9				**D9/h9**	E9/h9	F9/h9		**H9/h9**													
h10				D10/h10				H10/h10													
h11	A11/h11	B11/h11	**C11/h11**	D11/h11				**H11/h11**													
h12		B12/h12						H12/h12													

注：加黑框黑体字的配合为优先配合。

4. 公差与配合在图样上的标注

（1）公差在零件图上的标注　　用于大批量生产的零件图，可只注公差带代号，如图

7-20a所示。用于中小批量生产的零件图一般可只注出极限偏差，上极限偏差注在右上方，下极限偏差应与公称尺寸注在同一底线上，如图7-20b所示。如需要同时注出公差带代号和对应的偏差值时，则其偏差值应加上圆括号，如图7-20c所示。

标注极限偏差时应注意：其字高要比公称尺寸的字高小一号；上、下极限偏差的小数点必须对齐，小数点后均为三位数（末尾应用"0"占位，如0.05应写成0.050），如图7-20b所示。如上极限偏差或下极限偏差为"零"时，应标注"0"，并与下极限偏差或上极限偏差的小数点前的个位数对齐，如图7-20b所示。当上、下极限偏差数值相同时，其数值只需标注一次，在数值前注出符号"±"，且字高与公称尺寸相同，如$\phi 80 \pm 0.030$。

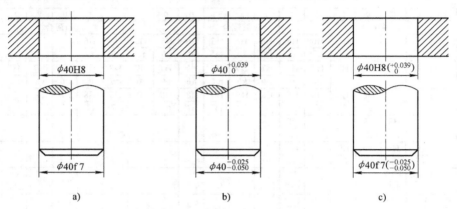

图 7-20　零件图上尺寸公差的标注

（2）配合在装配图上的标注　在装配图上标注极限与配合时，其代号必须在其公称尺寸的右边，用分数形式注出，分子为孔的公差带代号，分母为轴的公差带代号，其标注形式有三种，如图7-21所示。

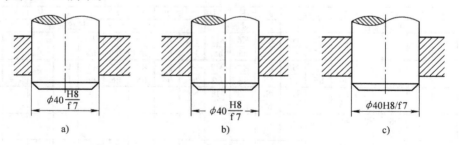

图 7-21　装配图中配合代号的标注

（3）查表举例　若已知公称尺寸和配合代号，如$\phi 18H7/p6$、$\phi 14F8/h7$，需要知道孔、轴的极限偏差时，可按下述方法查表。

1）$\phi 18H7/p6$是基孔制配合，其中H7是基准孔的公差带代号，p6是配合轴的公差带代号。

$\phi 18H7$基准孔的极限偏差可在附表23中查得。在表中由公称尺寸从大于14至18的行与公差带H7的列相交处查得$^{+18}_{0}$（单位为μm，改按mm为单位时即为$^{+0.018}_{0}$），这就是基准孔的上、下极限偏差，所以$\phi 18H7$可写成$\phi 18^{+0.018}_{0}$。

$\phi18p6$ 配合轴的极限偏差可在附表 22 中查得。在表中由公称尺寸从大于 14 至 18 的行与公差带 p6 的列相交处查得 $^{+29}_{+18}$（单位为 μm，改按 mm 为单位时即为 $^{+0.029}_{+0.018}$），$\phi18p6$ 可写成 $\phi18^{+0.029}_{+0.018}$。

2）$\phi14F8/h7$ 是基轴制配合，其中 h7 是基准轴的公差带代号，F8 是配合孔的公差带代号。

$\phi14h7$ 基准轴的极限偏差可在附表 22 中查得。在表中由公称尺寸从大于 10 至 14 的行与公差带 h7 的列相交处查得 $^{0}_{-18}$（即为 $^{0}_{-0.018}$），$\phi14h7$ 可写成 $\phi14^{0}_{-0.018}$。

$\phi14F8$ 配合孔的极限偏差可在附表 23 中查得。在表中由公称尺寸从大于 10 至 14 的行与公差带 F8 的列相交处查得 $^{+43}_{+16}$（即为 $^{+0.043}_{+0.016}$），$\phi14F8$ 可写成 $\phi14^{+0.043}_{+0.016}$。

7.3.3　几何公差（GB/T 1182—2008）

几何公差包括形状公差、方向公差、位置公差和跳动公差等。零件在加工过程中，不仅会产生尺寸公差，还会产生几何公差，造成机器装配困难，甚至无法装配。因此，对于零件的重要尺寸除给出尺寸公差外，还应根据设计要求，合理地确定出几何公差的最大允许值。为此，国家标准规定了几何公差，以保证零件的加工质量。

1. 几何公差项目及符号

几何公差项目及符号见表 7-10。

表 7-10　几何公差项目及符号

类型	几何特征	符号	有或无基准要求	类型	几何特征	符号	有或无基准要求
形状公差	直线度	—	无	方向公差	平行度	//	有
	平面度	▱	无		垂直度	⊥	有
	圆度	○	无		倾斜度	∠	有
	圆柱度	⌭	无	位置公差	位置度	⊕	有或无
					同轴（同心）度	◎	有
	线轮廓度	⌒	有或无		对称度	=	有
	面轮廓度	⌓	有或无	跳动公差	圆跳动	↗	有
					全跳动	⌰	有

2. 公差框格的含义

几何公差填写在一个长方形框格内，框格用细实线绘制，可分两格或多格，一般水平或垂直放置。第一格填写几何特征符号，第二格填写几何公差数值，第三格填写基准代号及其他符号，用指引线连接被测要素。

公差框格中的字高与图中尺寸数字相同，框格高为字高的两倍，框格中第一个长度与高相等，后面其他格的长度视需要而定，框格的线宽与字符的笔画宽度相同，如图7-22所示。

与被测要素相关的基准用一个大写字母表示，字母标注在基准框格内，以一个涂黑的或空白的三角形相连以表示基准，几何公差基准代号如图7-23所示。

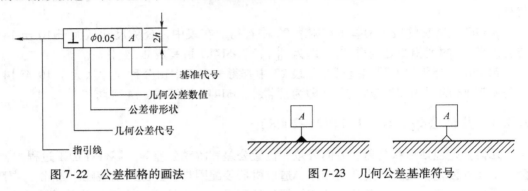

图7-22　公差框格的画法　　　　图7-23　几何公差基准符号

3. 几何公差的标注

（1）被测要素的标注

1）用带箭头的指引线将被测要素与公差框格相连，指引线箭头的指向应与公差带宽度方向一致，如图7-24a所示。

2）当被测要素是零件表面上的线或面时，指引线箭头应指在轮廓线或其延长线上，并明显地与该要素的尺寸错开，如图7-24b所示。

3）当被测要素为实际表面时，指引线箭头可置于带点引线的水平线上，该点指在实际表面上，如图7-24c所示。

4）当被测要素是零件的轴线、球心或中心平面时，指引线箭头应指在轮廓线或其延长线上，并明显地与要素的尺寸线对齐，如图7-24d、e所示。

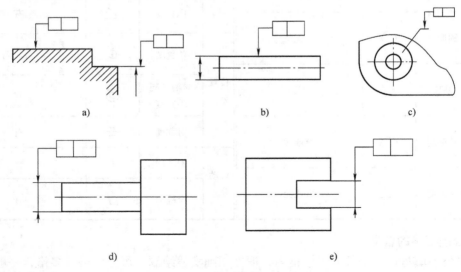

图7-24　被测要素的引出标注

（2）基准符号的标注

1）当基准要素是轮廓或轮廓面时，基准三角形放置在要素的轮廓线或其延长线上，并应明显地与该要素的尺寸线错开，如图 7-25a 所示。

2）当基准要素为实际平面时，基准三角形可放置在该轮廓面引出线的水平线上，如图 7-25b 所示。

3）当基准要素为零件的轴线、球心或中心平面时，基准符号应该与该要素的尺寸线对齐。如果没有足够的位置标注基准要素尺寸的两个尺寸箭头，则其中一个箭头可以用基准三角形代替，如图 7-25c ~ e 所示。

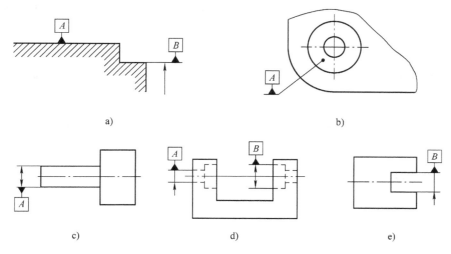

图 7-25　基准符号的标注

（3）几何公差标注示例　如图 7-26 所示，对其中的公差框格解释如下：

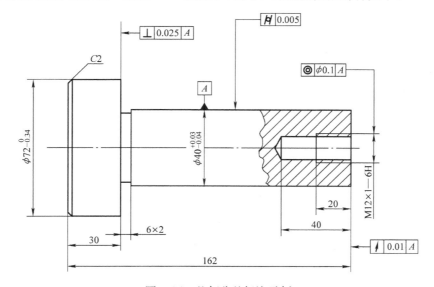

图 7-26　几何公差标注示例

1）公差框格 $\boxed{\perp | 0.025 | A}$ 表示：$\phi72\text{mm}$ 轴的右端面对基准 A 的垂直度公差为 0.025mm。即该被测面必须位于距离为公差值 0.025mm，且垂直于基准 A 的两平行平面之间。

2）公差框格 $\boxed{H | 0.005}$ 表示：$\phi40\text{mm}$ 圆柱面的圆柱度公差为 0.005mm。即该被测圆柱面必须位于半径差为公差值 0.005mm 的两同轴圆柱面之间。

3）公差框格 $\boxed{\odot | \phi0.1 | A}$ 表示：螺纹孔 $M12\times1$ 的轴线对基准 A（$\phi40\text{mm}$ 圆柱面的轴线）的同轴度公差为 0.1mm。即被测圆柱面的轴线必须位于直径为公差值 $\phi0.1\text{mm}$，且与基准轴线 A 同心的圆柱面内。

4）公差框格 $\boxed{/ | 0.01 | A}$ 表示：$\phi40\text{mm}$ 圆柱的右端面对基准 A 的轴向圆跳动公差为 0.01mm。即被测面围绕基准 A 旋转一周时，任一测量直径处的轴向圆跳动量不得大于公差值 0.01mm。

7.4　常见典型零件的识读

在设计零件时，经常需要参考同类型零件的图样，这就需要会看零件图。制造零件时也需要看懂零件图，想象出零件的结构、形状，了解零件各部分的尺寸及技术要求等，以便加工出合格的零件。读零件图是工程技术人员必须具备的能力和素质。

7.4.1　读零件图的一般方法和步骤

1. 概括了解

从零件图的标题栏，了解零件的名称、数量、材料、绘图比例等。了解零件在机器或部件中的作用及零件之间的装配关系。

2. 分析视图，想象形状

分析零件图中采用的表达方法，如选用的视图、剖视方法、剖切位置及投射方向等，按照形体分析法，利用各视图间的投影关系，想象出零件内、外部的结构形状。

3. 分析尺寸

分析尺寸基准，了解零件各部分的定形尺寸、定位尺寸和总体尺寸。

4. 分析技术要求

了解对零件的技术要求，如表面结构要求、尺寸公差、几何公差、热处理及表面处理等。

5. 综合归纳

通过以上读图过程，就可根据零件的结构、形状、所注的尺寸以及技术要求等内容，想象出零件的全貌，这样就看懂了一张零件图。

机器中的一般零件分为四类，即轴套类、轮盘类、叉架类和箱壳类零件。每一类零件都具有不同的形体特征，应根据其结构特点来确定他们的表达方法。

7.4.2　典型零件的识读

1. 轴套类零件

轴一般是用来支承传动零件（如齿轮、带轮等）和传递动力的。套一般是装在轴上或机体孔中，起着轴向定位、支承、导向、保护传动零件或连接等作用。图 7-27 所示为搅拌轴零件图，读图的方法和步骤如下。

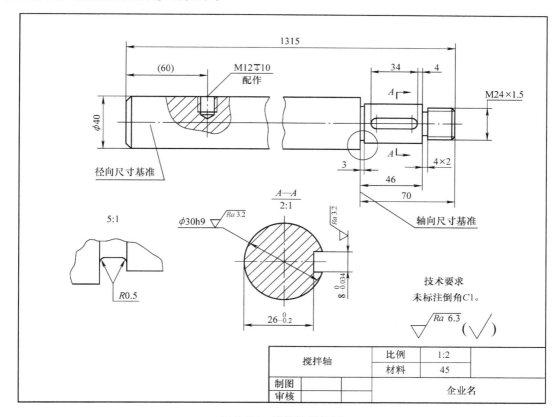

图 7-27　搅拌轴零件图

（1）浏览全图，看标题栏，初步了解零件图　该轴由三段组成，左端大，右端小，用材为 45 钢，按 1:2 的比例进行绘制，名称为搅拌轴。

（2）分析表达方案，读懂零件的形状结构　零件图由三个图形组成，主视图表达主体结构，断面图表达键槽结构，局部放大图表达越程槽结构。零件的主体结构由左往右依次是：$\phi40$mm 圆柱、$\phi30$mm 圆柱及台阶根部越程槽、$M24 \times 1.5$ 细牙普通螺纹及螺纹退刀槽，轴的两端面有 $C1$ 的倒角。$\phi30$mm 段圆柱有键槽，$\phi40$mm 圆柱段有配作的螺纹孔。

（3）分析尺寸　先分析尺寸基准，径向尺寸基准是整体轴线，轴向尺寸基准是 $\phi40$mm 圆柱的右端面，然后依次读出轴每一段的长度、直径及每一结构的尺寸。

（4）分析技术要求

1）表面结构要求：要求高的是 $\phi30$mm 圆柱、键槽两侧面，$Ra = 3.2\mu m$，其余所有表面的表面结构参数 $Ra = 6.3\mu m$。

2）尺寸公差：$\phi30h9$，查表得其上极限偏差为 0，下极限偏差为 -0.052mm。

3）几何公差、材质要求：无特殊要求。

2. 盘盖类零件

盘盖类零件包括齿轮、带轮、链轮、手轮、端盖等。轮一般用键或销与轴联接，用来传递动力和转矩；盘盖类零件主要起支承、轴向定位以及密封等作用。图 7-28 所示为端盖零件图，读图的方法和步骤如下。

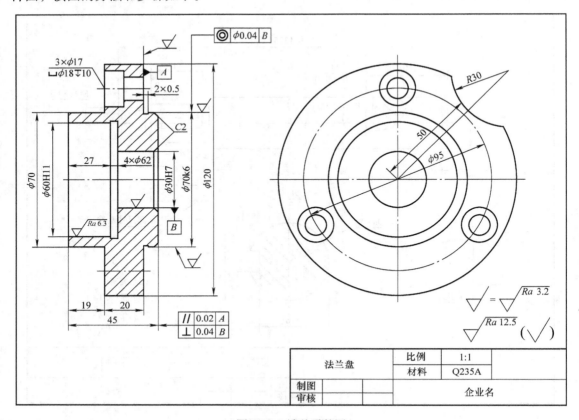

图 7-28　端盖零件图

（1）浏览全图、看标题栏　该零件属于盘盖类零件中的盖类零件，零件的名称为法兰盘，材料是 Q235A；阅读标题栏还能知道零件的设计者、审核者、制造厂家以及零件图的比例等内容。

（2）分析表达方案，读懂零件的形状结构　该零件图用两个视图表达，主视图按加工位置放置，采用全剖视，表达了法兰盘的主要结构，左视图表达了外形轮廓和槽孔的分布情况。

（3）分析尺寸　盘盖类零件通常以主要回转面的轴心线、主要形体的对称轴线或经加工的较大的结合面作为长、宽、高方向的尺寸基准，端盖零件图的左端面是端盖厚度方向尺寸的主要基准，其轴线为另两个方向的尺寸基准。

（4）分析技术要求

1）表面结构要求：要求最高的是 $\phi30H7$ 内孔、$\phi70k6$ 圆柱面、$\phi120$ 圆柱形凸缘右端面，$Ra = 3.2\mu m$；其次是左侧 $\phi60H11$ 内孔，$Ra = 6.3\mu m$；其他 $Ra = 12.5\mu m$。

2）尺寸公差：$\phi30H7$、$\phi60H11$ 内孔、$\phi70k6$ 外圆柱面有尺寸公差要求。

3）几何公差：$\phi70k6$ 右端面与 $\phi120$ 圆柱右端面有平行度要求，同时与 $\phi30H7$ 孔轴线有垂直度要求，$\phi70k6$ 外圆柱面轴线与 $\phi30H7$ 内孔的轴线同轴度公差值为 0.04mm。

3. 叉架类零件

叉架类零件包括各种连杆、支架、拨叉、摇臂等。拨叉主要用在各种机器的操纵机构中以操纵机器、调节速度，支架主要起支承和定位的作用。图 7-29 所示为支架零件图，读图的方法和步骤如下。

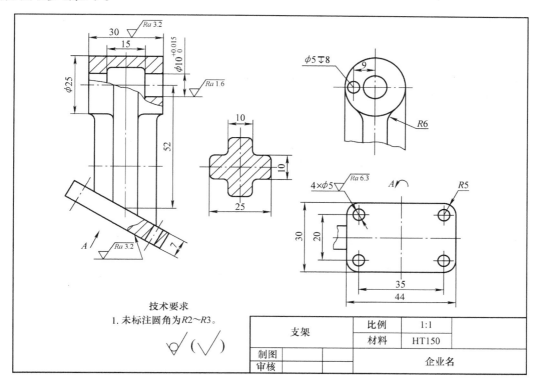

图 7-29　支架零件图

（1）浏览全图，看标题栏　可以看出该零件属于叉架类零件的架类零件，零件的名称为支架，材料是 HT150（灰铸铁），阅读标题栏还能知道零件的设计者、审核者、制造厂家以及零件图的比例等内容。

（2）分析表达方案，读懂零件的形状结构

1）支架的放置。该零件的形体不规则，无法自然安放，考虑把上方圆柱筒的轴线水平放置，并且使宽度方向的对称面平行于正立投影面。

2）视图方案。主视图为局部剖视图，用以表达主体结构；局部左视图表达圆柱筒的结构特征以及十字连接板与圆柱筒的连接关系；A 向斜视图表达底板的形状特征；移出断面图表达连接部分的截面结构。

主体结构可分成三部分：支承部分——上方圆柱筒（支承轴），连接及加强部分——十字柱结构以及安装底板。底板与十字柱呈 60°夹角，四个角上有安装孔。

（3）分析尺寸　长度方向尺寸基准——长度方向的主对称面；宽度方向尺寸基准——零件的宽度方向对称面；高度方向尺寸基准——圆柱筒的轴线。

（4）分析技术要求

1）表面结构要求：要求最高的是圆柱筒内孔表面，$Ra = 1.6\mu m$；各加工表面的 $Ra =$

3. 2μm、6. 3μm；其他为毛坯面。

　　2）尺寸公差：φ10mm 内孔的上极限偏差为 +0. 015mm，下极限偏差为 0，查附表 22 得公差带代号为 H7。

　　3）几何公差：无特殊要求。

　　4）其他：圆角要求。

4. 箱壳类零件

　　箱壳类零件包括各种箱体、壳体、泵体等。在机器中主要起支承、包容其他零件以及定位和密封等作用。这类零件多为机器或部件的主体件，毛坯一般为铸造件。图 7-30 所示为泵体零件图，读图的方法和步骤如下。

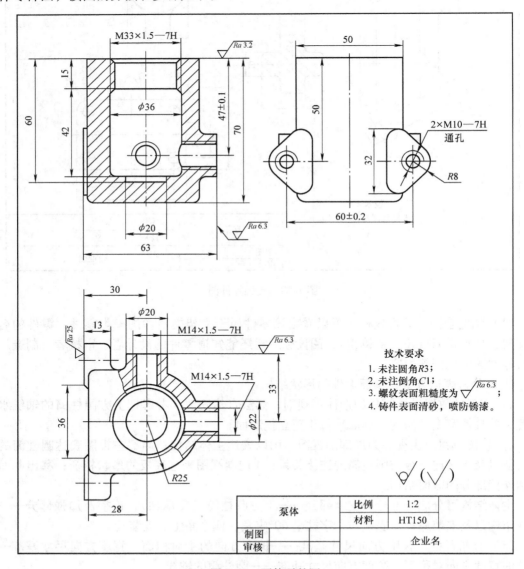

图 7-30　泵体零件图

（1）阅览全图，看标题栏　在零件图的标题栏中，列出了零件名称、材料、比例等内容，可以了解零件在机器中的作用、制造要求以及为有关结构特点提供线索。

从图样的标题栏可知：零件名称为泵体，材料是 HT150（灰铸铁），就必然会有铸件的一些工艺结构特点；绘图比例为 1∶2，从比例结合图形大小和尺寸，即可判断零件的实际大小。知道这些线索对后面读图是很有帮助的。

（2）分析表达方案，读懂零件的形状结构　主视图是全剖视图，俯视图采取了局部剖，左视图是外形图。从图中可知泵体由三部分组成：

1）半圆柱形的壳体，其圆柱形的内腔，用于容纳其他零件。

2）两块三角形的安装板。

3）两个圆柱形的进、出油口，在俯视图中分别位于泵体的后边和右边。

（3）分析尺寸　图 7-30 中长度方向的尺寸基准是安装板的端面、宽度方向尺寸基准是泵体前后对称面、高度方向尺寸基准是泵体的上端面。从基准出发，搞清楚哪些是主要尺寸（图中 47 ± 0.1、60 ± 0.2 是主要尺寸，加工时必须保证）。此外，进、出油口及顶面尺寸：$M14 \times 1.5$—7H 和 $M33 \times 1.5$—7H 都是细牙普通螺纹。

（4）分析技术要求　端面表达结构要求 Ra 值分别为 $3.2\mu m$、$6.3\mu m$，要求较高，以便对外连接紧密，防止漏油。此外，油口的定位尺寸与三角形的安装板的两通孔的位置尺寸有尺寸公差要求。

第 8 章　装配图的绘制与识读

【知识目标】

掌握装配图的内容、作用、视图的表达、尺寸标注与技术要求等的基本知识；掌握装配图的识读及由装配图拆画零件图的相关知识。

【能力目标】

具有运用所学的相关知识，识读与绘制装配图的能力。

8.1　装配图的作用和内容

装配图是表达机器或部件的图样。通常用来表达机器或部件的工作原理以及零部件间的装配、连接关系，是机械设计和生产中的重要技术文件之一。在产品设计中，一般先根据产品的工作原理图画出装配草图，由装配草图整理成装配图，然后再根据装配图进行零件设计并画出零件图；在产品制造中，装配图是制定装配工艺规程，进行装配和检验的技术依据；在机器使用和维修时，也需要通过装配图来了解机器的工作原理和构造。一张完整的装配图，必须具有下列内容。

1. 一组视图

用一组视图完整、清晰、准确地表达出机器的工作原理、各零件的相对位置及装配关系、连接方式和重要零件的形状结构。

图 8-1 是滑动轴承的装配轴测图，它直观地表示了滑动轴承的外形结构，但不能清晰地表示各零件的装配关系。图 8-2 是滑动轴承的装配图，图中采用了三个基本视图，由于

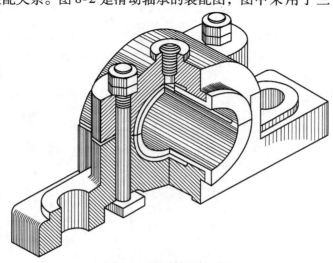

图 8-1　滑动轴承轴测图

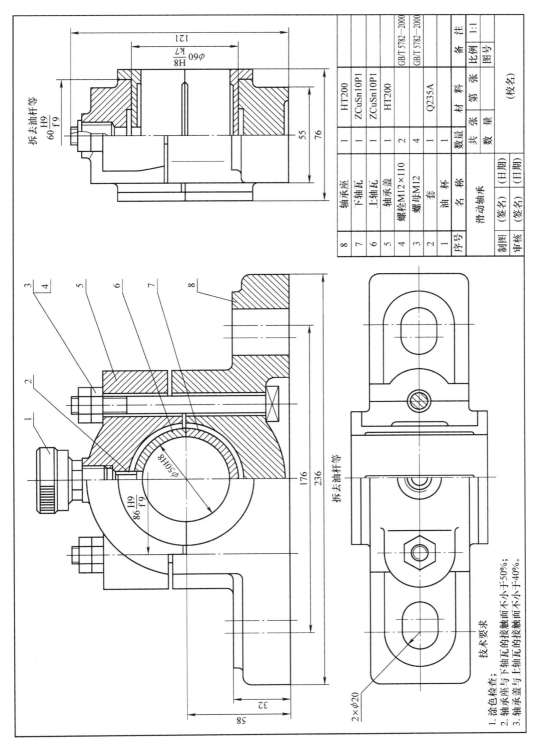

8	轴承座	1	HT200		1:1
7	下轴瓦	1	ZCuSn10P1		
6	上轴瓦	1	ZCuSn10P1		
5	轴承盖	1	HT200		
4	螺栓M12×110	2		GB/T 5782—2000	
3	螺母M12	4		GB/T 5782—2000	
1	套	1	Q235A		
序号	名　称	数量	材　料		备　注

技术要求
1. 涂色检查；
2. 轴承座与下轴瓦的接触面不小于50%；
3. 轴承盖与上轴瓦的接触面不小于40%。

图 8-2　滑动轴承装配图

结构基本对称，所以三个视图均采用了半剖视，这就比较清楚地表示了轴承盖、轴承座和上、下轴衬的装配关系。

2. 必要的尺寸

装配图上要有表示机器或部件的规格、装配、检验和安装时所需要的一些尺寸。

图 8-2 所示滑动轴承的装配图中，轴孔直径 ϕ50H8 为规格尺寸，176、58、2 × ϕ20 等为安装尺寸，ϕ60H8/k7、86H9/f9 等为装配尺寸，236、121 为总体尺寸。

3. 技术要求

技术要求就是说明机器或部件的性能和装配、调整、试验等所必须满足的技术条件。如图 8-2 所示的部件，其技术要求是：装配后要进行接触面涂色检查。

4. 零件的序号、明细栏和标题栏

装配图中的零件编号、明细栏用于说明每个零件的名称、代号、数量和材料等。标题栏包括零部件名称、比例、绘图及审核人员的签名。

8.2 装配图的视图表示法

8.2.1 装配图画法的基本规定

两相邻零件的接触面和配合面只画一条线，图 8-3 所示的轴承盖和轴承座的接触表面，86H9/f9 是配合尺寸，所以画成一条线；水平方向的表面为非接触表面，画成两条线。

相邻两个或多个零件的剖面线应有区别，或者方向相反，或者方向一致但间隔不等，相互错开，如图 8-4 所示。

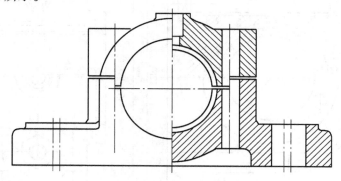

图 8-3　接触面和非接触面得画法

但必须特别注意，在装配图中，所有剖视图、剖面图中同一零件的剖面线方向和间隔必须一致。这样有利于找出同一零件的各个视图，想象其形状和装配关系。

对于紧固件以及实心的球、手柄、键等零件，若剖切平面通过其对称平面或轴线时，则这些零件均按不剖绘制；如需表明零件的凹槽、键槽、销孔等构造，可用局部剖视表示，如图 8-5 所示。

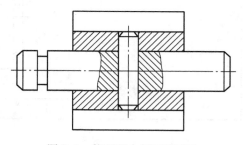

图 8-4　装配图中剖面线画法

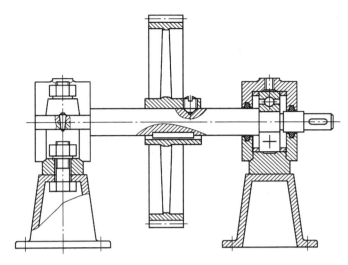

图 8-5　装配图中不剖零件的画法

8.2.2　装配图画法的特殊规定和简化画法

1. 装配图画法的特殊规定

（1）拆卸画法　当某些零件的图形遮住了其后面需要表达的零件，或在某一视图上不需要画出某些零件时，可拆去某些零件后再画；也可选择沿零件结合面进行剖切的画法。如图 8-2 所示的滑动轴承装配图中，俯视图就采用了后一种拆卸画法。

（2）单独表达某零件的画法　如所选择的视图已将大部分零件的形状、结构表达清楚，但仍有少数零件的某些方面还未表达清楚时，可单独画出这些零件的视图或剖视图，如图 8-6 所示的转子油泵中泵盖的"*B*"向视图。

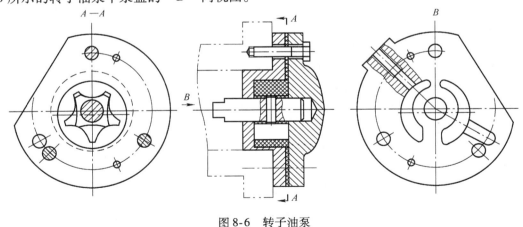

图 8-6　转子油泵

（3）假想画法　为表示部件或机器的作用、安装方法，可将其他相邻零件、部件的部分轮廓用细双点画线画出，如图 8-6 所示。假想轮廓的剖面区域内不画剖面线。

当需要表示运动零件的运动范围或运动的极限位置时，可按其运动的一个极限位置绘制图形，再用细双点画线画出另一极限位置的图形，如图 8-7 所示。

2. 装配图的简化画法

（1）对于装配图中若干相同的零部件组，如螺栓联接等，可详细地画出一组，其余只需用细点画线表示其位置即可，如图 8-8 所示。

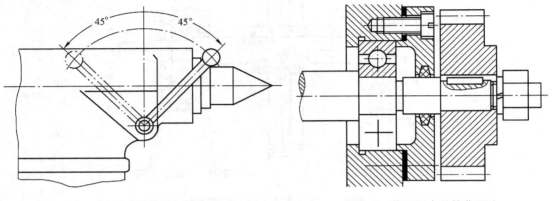

图 8-7　运动零件的极限位置　　　　　　图 8-8　装配图中的简化画法

（2）在装配图中，对薄的垫片等不易画出的零件可将其涂黑，如图 8-8 所示。

（3）在装配图中，零件的工艺结构，如小圆角、倒角、退刀槽、起模斜度等可不画出，如图 8-8 所示。

8.3　装配图中的尺寸标注与技术要求

8.3.1　装配图的尺寸标注

装配图的作用是表达零部件的装配关系，因此其尺寸标注的要求不同于零件图。装配图尺寸标注不需要注出每个零件的全部尺寸，一般只需标注规格尺寸、装配尺寸、安装尺寸、外形尺寸和其他重要尺寸五大类尺寸。

（1）规格尺寸　规格尺寸是说明部件规格或性能的尺寸，它是设计和选用产品时的主要依据。图 8-2 所示的 $\phi50H8$ 就是规格尺寸。

（2）装配尺寸　装配尺寸是保证部件正确装配，并说明配合性质及装配要求的尺寸。图 8-2 所示的 86H9/f9、60H9/f9 及联接螺栓中心距等都属于装配尺寸。

（3）安装尺寸　安装尺寸是将部件安装到其他零部件或基础上所需要的尺寸。图 8-2 所示的地脚螺栓孔尺寸等。

（4）外形尺寸　外形尺寸是机器或部件的总长、总宽和总高尺寸，它反映了机器或部件的体积大小，即该机器或部件在包装、运输和安装过程中所占空间的大小。图 8-2 所示的 236、121 和 76 即是外形尺寸。

（5）其他重要尺寸　其他重要尺寸是指除以上四类尺寸外，在装配或使用中必须说明的尺寸，如运动零件的位移尺寸等。

需要说明的是，装配图上的某些尺寸有时兼有几种意义，而且每一张图上也不一定都具有上述五种尺寸。标注尺寸时，必须明确每个尺寸的作用，对装配图没有意义的结构尺寸不需注出。

8.3.2　装配图的技术要求

装配图的技术要求是指机器或部件在装配、安装、调试过程中的有关数据和性能指标，以及在使用、维护和保养等方面的要求。这些内容应在标题栏附近以"技术要求"为标题逐条写出。如果技术要求仅一条时，不必编号，但不得省略标题。

8.4　装配图中的零部件序号和明细表

8.4.1　零部件序号的编排方法

在生产过中，为便于图样管理、生产准备、机器装配和读懂装配图，对装配图上各零部件都要编排序号和代号。序号是为了看图方便编制的，代号是该零件或部件的图号或国家标准代号。零部件图的序号和代号要和明细栏中的序号和代号一致，不能产生差错。

1. 一般规定

1）装配图中所有的零部件都必须编排序号，规格相同的零件只编一个序号，标准化组件如滚动轴承、电动机等，可看做一个整体编排一个序号。

2）装配图中零件序号应与明细栏中的序号一致。

2. 序号的组成

装配图中的序号一般由指引线（细实线）、圆点（或箭头）、横线（或圆圈）和序号数字组成，如图 8-9 所示。具体要求如下：

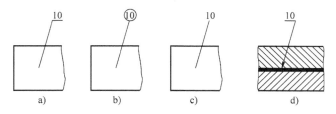

图 8-9　序号的组成

1）指引线不与轮廓线或剖面线等图线平行，指引线之间不允许相交，但指引线允许弯折一次。

2）可在指引线末端画出箭头，箭头指向该零件的轮廓线。

3）序号数字比装配图中的尺寸数字大一号或大两号。

3. 零件组序号

对紧固件组或装配关系清楚的零件组，允许采用公共指引线，如图 8-10 所示。

4. 序号的排列

零件的序号应沿水平或垂直方向按顺时针或逆时针方向排列，并尽量使序号间隔相等，如图 8-2 所示。

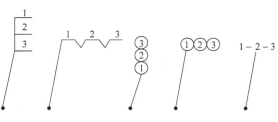

图 8-10　零件组序号

8.4.2 标题栏及明细栏

标题栏格式由前述的 GB/T 10609.1—2008 确定，明细栏则按 GB/T 10609.2—2009 规定绘制。企业有时也有各自的标题栏、明细栏格式。本课程推荐的装配图作业格式如图8-11所示。

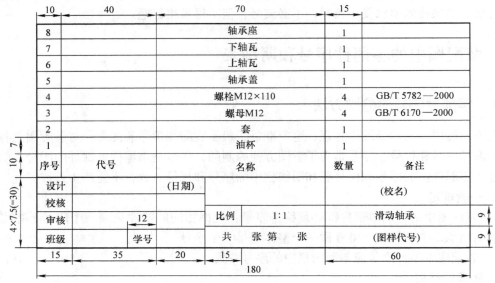

图 8-11　装配图标题栏和明细栏格式

绘制和填写标题栏、明细栏时应注意以下问题：

1）明细栏和标题栏的分界线是粗实线，明细栏的外框竖线是粗实线，明细栏的横线和内部竖线均为细实线（包括最上一条横线）。

2）序号应自下而上顺序填写，如向上延伸位置不够，可以在标题栏紧靠左边自下而上延续。

3）标准件的国标编号可写入备注栏。

8.5　常见的装配工艺结构

了解装配体上一些有关装配的工艺结构和常见装置，可使图样画得更合理，以满足装配要求。

8.5.1 装配工艺结构

1）为避免干涉，两零件在同一方向上只应有一个接触面，如图8-12所示。

图 8-2 所示的滑动轴承装配图中，轴承盖、轴承座和上、下轴瓦在竖直方向通过 $\phi60H8/k7$ 接触，所以轴承盖和轴承座在竖直方向无接触面（图8-3）。

2）两零件有相交表面接触时，在转角处应制出倒角、圆角、凹槽等，以保证表面接触良好，如图8-13所示。

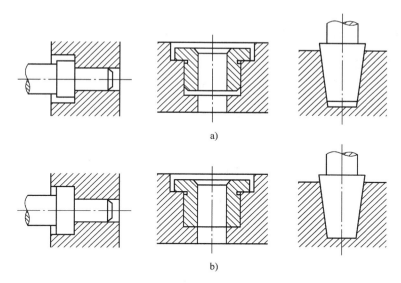

图 8-12　两零件接触面的结构图

a) 正确　b) 不正确

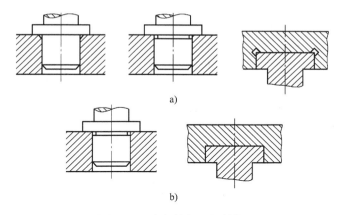

图 8-13　直角接触面的结构

a) 正确　b) 不正确

3) 零件的结构设计要考虑维修时拆卸方便,如图 8-14 所示。

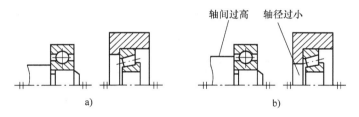

图 8-14　装配结构要便于拆卸

a) 正确　b) 不正确

4）用螺纹联接的地方要留足装拆的活动空间，如图 8-15 所示。

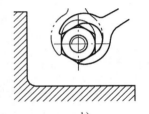

图 8-15　螺纹联接装配结构
a）不合理　b）合理

8.5.2　机器上的常见装置

1. 螺纹防松装置

为防止机器在工作中由于振动而使螺纹紧固件松开，常采用双螺母、弹簧垫圈、止动垫圈、开口销等防松装置，其结构如图 8-16 所示。

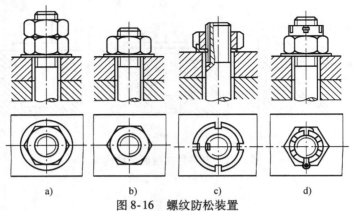

图 8-16　螺纹防松装置
a）双螺母　b）弹簧垫圈　c）止动垫圈　d）开口销

2. 滚动轴承的固定装置

使用滚动轴承时，需根据受力情况将滚动轴承的内圈、外圈固定在轴上或机体的孔中。因考虑到工作温度的变化，会导致滚动轴承卡死而无法工作，所以不能将两端轴承的内圈、外圈全部固定，一般可以一端固定，另一端留有轴向间隙，允许有极小的伸缩。如图 8-17 所示，右端轴承内圈、外圈均做了固定，左端只固定了内圈。

图 8-17　滚动轴承固定装置

3. 密封装置

为了防止灰尘、杂屑等进入轴承，并防止润滑油的外溢和阀门或管路中的气体、液体泄漏，通常采用密封装置，如图 8-18 所示。

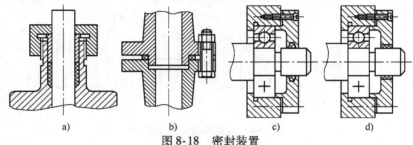

图 8-18　密封装置
a）填料密封　b）垫片密封　c）毡圈密封　d）油沟密封

8.6　读装配图和拆画零件图

读装配图应特别注意从机器或部件中分离出每一个零件，并分析其主要结构形状和作用以及同其他零件的关系。然后再将各个零件合在一起，分析机器或部件的作用、工作原理及防松、润滑、密封等系统的原理和结构等。必要时还应查阅有关的专业资料。

8.6.1　读装配图的方法和步骤

不同的工作岗位读图的目的是不同的，如有的仅需要了解机器或部件的用途和工作原理；有的要了解零件的连接方法和拆卸顺序；有的要拆画零件图等。一般说来，应按以下方法和步骤读装配图。

（1）概括了解　从标题和有关的说明书中了解机器或部件的名称和大致用途；从明细栏和图中的编号了解机器或部件的组成。

（2）对视图进行初步分析　明确装配图的表达方法、投影关系和剖切位置，并结合标注的尺寸，想象出主要零件的主要结构形状。

图 8-19 为阀的装配图，该部件装配在液体管路中，用以控制管路的"通"与"不通"。该图采用了主（全剖视）、俯（全剖视）、左三个视图和一个 B 向局部视图的表达方法。有一条装配轴线，部件通过阀体上的 Rp1/2 螺纹孔、ϕ12 的螺栓孔和管接头上的 G3/4 螺孔装入液体管路中。

（3）分析工作原理和装配关系　对照各视图进一步研究机器或部件的工作原理、装配关系，这是读懂装配图的一个重要环节。读图时应先从反映工作原理的视图入手，分析机器或部件中零件的运动情况，从而了解工作原理。然后再根据投影规律，从反映装配关系的视图着手，分析各条装配轴线，弄清零件相互间的配合要求、定位和连接方式等。

图 8-18 所示阀的工作原理从主视图看得最清楚。即当杆 1 受外力作用向左移动时，钢球 4 压缩弹簧 5，阀门被打开，当去掉外力时钢球在弹簧作用下将阀门关闭。旋塞 7 可以调整弹簧作用力的大小。

阀的装配关系也从主视图看得最清楚。左侧将钢球 4、弹簧 5 依次装入管接头 6 中，然后将旋塞 7 拧入管接头，调整好弹簧压力，再将管接头拧入阀体左侧的 M30×1.5 螺孔中。右侧将杆 1 装入塞子 2 的孔中，再将塞子 2 拧入阀体右侧的 M30×1.5 螺孔中。杆 1 和管接头 6 径向有 1mm 的间隙，管路接通时，液体由此间隙流过。

（4）分析零件结构　对主要的复杂零件要进行投影分析，想象出其形状及结构，必要时画出其零件图。

8.6.2　由装配图拆画零件图

为了看懂某一零件的结构形状，必须先把这个零件的视图由整个装配图中分离出来，然后想象其结构形状。对于表达不清的地方要根据整个机器或部件的工作原理进行补充，然后画出其零件图。这种由装配图画出零件的过程称为拆画零件图，拆画零件图的方法和步骤如下：

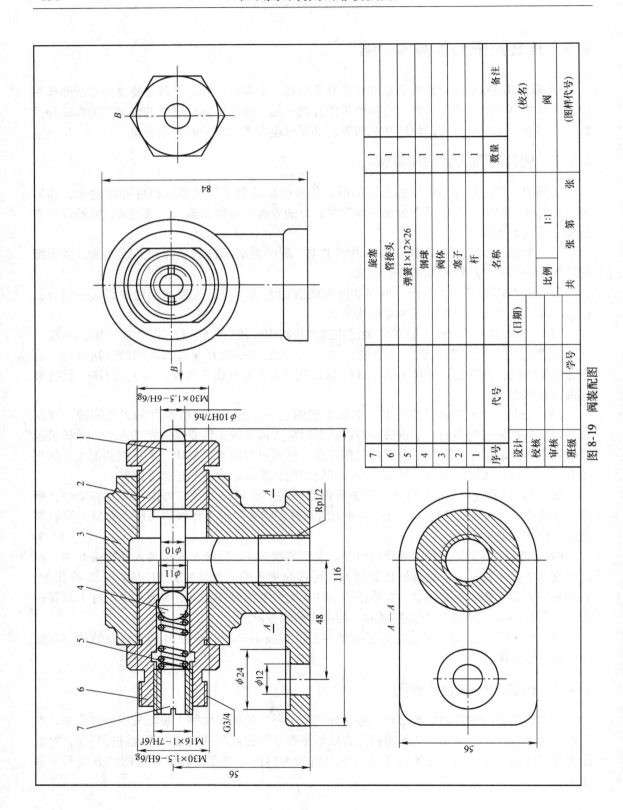

序号	代号	名称	数量	备注
7		旋塞	1	
6		管接头 1×12×26	1	
5		弹簧	1	
4		钢球	1	
3		阀体	1	
2		塞子	1	
1		杆	1	

（校名）

阀

（图样代号）

设计		（日期）	比例	1:1	共 张 第 张
校核					
审核					
班级	学号				

图 8-19 阀装配图

（1）读懂装配图　将要拆画的零件从整个装配图中分离出来。例如，要拆画阀装配图中阀体 3 的零件图。首先将阀体 3 从主、俯、左三个视图中分离出来，然后想象其形状。对于大体形状想象并不困难，但阀体内型腔的形状，因左、俯视图没有表达，所以不易想象。但通过主视图中 G1/2 螺孔上方的相贯线形状得知，阀体型腔为圆柱形，轴线水平放置，且圆柱孔的长度等于 G1/2 螺孔的直径，如图 8-20 所示。

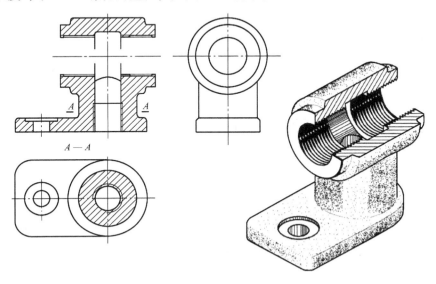

图 8-20　拆画装配图过程

（2）确定视图表达方案　读懂零件的形状后，要根据零件的结构形状及在装配图中的工作位置或零件的加工位置，重新选择视图，确定表达方案。此时可以参考装配图的表达方案，但要注意不受原装配图的限制。图 8-21 所示阀体的表达方法，主、俯视图和装配图相同，左视图采用了半剖视图。

（3）标注尺寸　由于装配图上给出的尺寸较少，而在零件图上则需注出零件各组成部分的全部尺寸，所以很多尺寸是在拆画零件图时才确定的，如图 8-21 所示。此时应注意以下几点。

1）凡是在装配图上已给出的尺寸，在零件图上可直接注出。

2）某些设计时计算的尺寸（如齿轮啮合的中心距）及查阅标准手册而确定的尺寸（如键槽等尺寸），应按计算所得数据及查表值准确标注，不得圆整。

3）除上述尺寸外，零件的一般结构尺寸，可按比例从装配图上直接量取，并做适当圆整。

4）标注零件各表面粗糙度、几何公差及技术要求时，应结合零件各部分的功能、作用及要求，合理选择精度要求，同时还应使标注数据符合有关标准。

拆画零件图是一种综合能力训练。它不仅要具有读懂装配图的能力，而且还应具备有关的专业知识。随着计算机绘图技术的普及提高，拆画零件图变得更容易。如果已由计算机绘出机器或部件的装配图，可对被拆画的零件进行复制，然后加以整理，并标注尺寸，即可画出零件图。

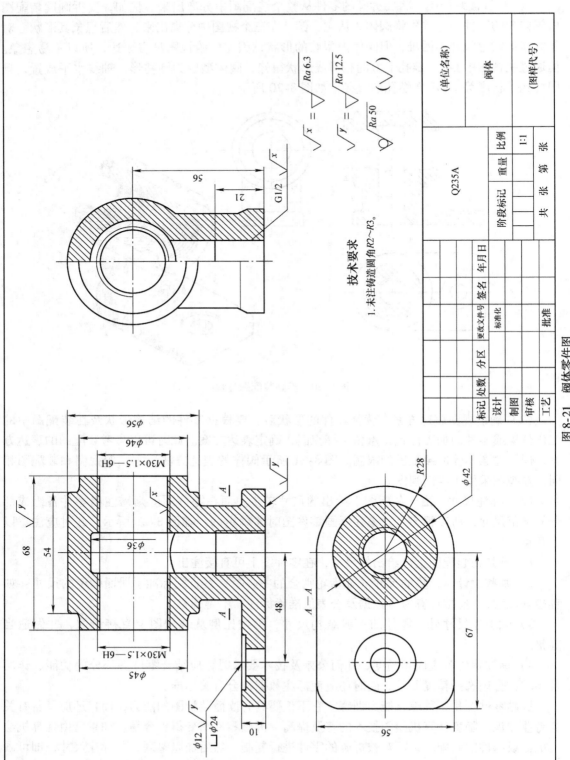

技术要求

1. 未注铸造圆角R2~R3。

$\sqrt{x} = \sqrt{\triangle}$ Ra 6.3

$\sqrt{y} = \sqrt{\triangle}$ Ra 12.5

$\sqrt{\frac{Ra 50}{}} (\sqrt{\quad})$

Q235A

			(单位名称)
			阀体
			(图样代号)
阶段标记	重量	比例	
		1:1	
共 张	第 张		

标记	处数	分区	更改文件号	签名	年月日
设计			标准化		
制图					
审核					
工艺			批准		

图 8-21　阀体零件图

第 9 章 其他工程图样的绘制与识读

【知识目标】

掌握平面立体与可展曲面展开的相关知识；掌握识读与绘制焊接图与电气工程图的基本知识。

【能力目标】

具有识读与绘制焊接图与电气工程图的能力。

9.1 表面展开图

在工业生产中经常遇到用金属薄板制成的锅炉、罐、管道、防护罩以及各种管接头等设备或制件。制造这类产品时，一般是先在金属薄板上画出各个部分的表面展开图，然后落料，加工成形，最后焊接或铆接成制件，如图 9-1 所示。

将立体表面按其实际大小，依次摊平在同一平面上，称为立体的表面展开，展开后所得到的图形称为展开图。展开图在化工、机械、电力、电子、造船、建筑等工业部门应用都十分广泛。

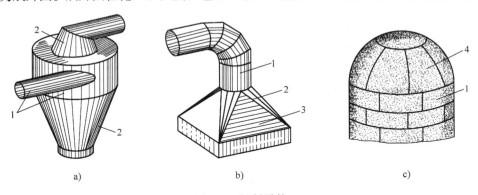

图 9-1　板制零件

a) 分离体　b) 吸气罩　c) 炼铁热风炉外壳

1—圆柱面　2—圆锥面　3—平面　4—球面

9.1.1 平面立体的展开

作平面立体的表面展开图，就是分别求出属于立体表面的所有多边形的实形，并将它们依次连续地画在一个平面上。

1. 斜截四棱柱管的展开

图 9-2a 为斜截四棱柱管的立体图。由于从两面投影图 9-2b 中可直接量得各表面实形的

边长，因此作图较简单，具体作图步骤如下。

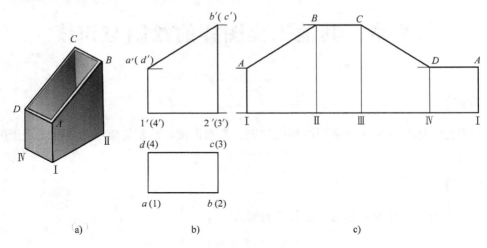

图 9-2　斜截四棱柱管的展开

1）按各底边的实长展开成一条水平线，标出 Ⅰ、Ⅱ、Ⅲ、Ⅳ、Ⅰ 各点。

2）过这些点作铅垂线，在其上分别量取各棱线的实长，即得各端点 A、B、C、D、A。

3）用直线依次连接各端点，即可得展开图，如图 9-2c 所示。

2. 吸气罩的展开

图 9-3a 为矩形吸气罩的立体图，图 9-3b 为其两面投影。从图中可知，吸气罩是由四个梯形平面围成的，其前后、左右对应相等，在其投影图上并不反映实形。为求梯形平面实形，可将梯形分成两个三角形，（思考一下：为什么要把四边形转化成三角形来处理?）然后求三角形三边实长，就可画出三角形实形。具体作图步骤如下。

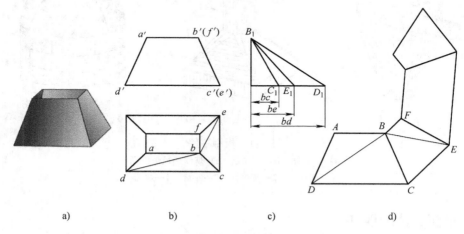

图 9-3　吸气罩展开

1）在图 9-3b 的俯视图上，把前面的梯形分成 abd 与 bcd 两个三角形，右边梯形分成 bfe 与 bec 两个三角形。注意其中 ab、dc、bf、ce 分别为相应线段实长。

2）如图 9-3c 所示，用直角三角形法求出三角形在投影图上不反映实长的另几边 BC、

BD、BE 的实长 B_1C_1、B_1D_1、B_1E_1。为了图形清晰且节省地方，把各线段实长的图解图集中画在一起。

3）如图 9-3d 所示，取 $AB = ab$；$BD = B_1D_1$；$AD = BC = B_1C_1$；$DC = dc$，画出 $\triangle ABD$ 和 $\triangle BDC$，得前面梯形 $ABCD$。同理可做出右面梯形 $BCEF$。由于后面和左面两个梯形分别是前面和右面梯形的全等图形，故可同样做出它们的实形，由此即可得吸气罩的展开图。

9.1.2　可展曲面的展开

1. 圆管的展开

如图 9-4 所示，圆管表面展开为一矩形，其高为管高 H，长为圆管周长 πD。

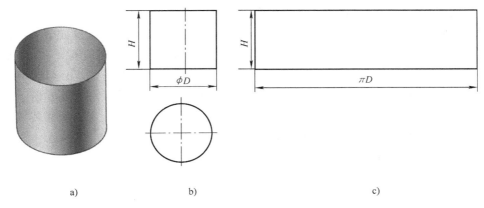

图 9-4　圆管展开

2. 斜口圆管的展开

如图 9-5 所示，圆管被斜切以后，表面每条素线的高度有了差异，但仍互相平行，且与底面垂直，其正面投影反映实长，斜口展开后成为曲线，具体作图步骤如下。

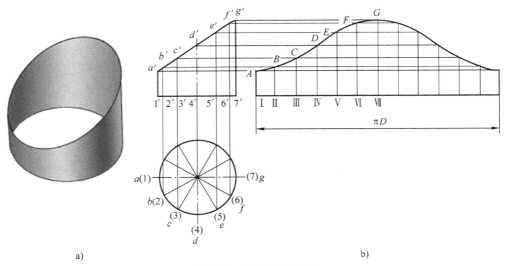

图 9-5　斜切圆管展开

1）在俯视图上，将圆周分成若干等份（图为 12 等分），得等分点 1、2、3…，过各等分点在主视图上作相应素线投影 $1'a'$、$2'b'$…

2）展开底圆得一水平线，其长度为 πD，并将其分成同样等份，得 Ⅰ、Ⅱ…等分点，如准确程度要求不高时，各分段长度可以底圆分段各弧的弦长近似代替。

3）过 Ⅰ、Ⅱ…各等分点作铅垂线，并截取相应素线高度（实长）Ⅰ$A = 1'a'$，Ⅱ$B = 2'b'$…得 A、B、C…各端点。

4）光滑连接 A、B、C…等各端点，即可得到斜口圆管表面的展开图，如图 9-5c 所示。

3. 等径直角弯管的展开

图 9-6a 所示弯管，是用来连接等径两互相垂直的圆管。为了简化作图和节约材料，工程上常采用多节斜口圆管拼接成一个直角弯管来展开。本例所示弯管由四节斜口圆管组成。中间两节是两面斜口的全节，端部两节是一个全节分成的两个半节，由这四节可拼接成一个直圆管，如图 9-6b、c 所示。根据需要直角弯管可由 n 节组成，此时应有 $n-1$ 个全节，各节斜口角度 α 可用公式计算：$\alpha = 90°/2(n-1)$（本例弯管由四节组成，$\alpha = 150°$）。

弯头各节斜口的展开曲线可按上例斜口圆管展开图的画法作出，如图 9-6 所示。

在实际生产中，若用钢板制作弯管，不必画出完整的弯管正面投影，只需要求出斜口角度，画出下端半节的展开图，再以它为样板画出其余各节的下料曲线。

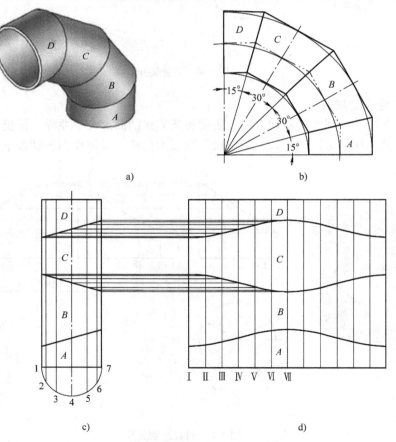

图 9-6　1/4 圆环面弯管接头的表面展开

4. 正圆锥面的展开

完整的正圆锥的表面展开图为一扇形，可计算出相应参数直接作图。其中，扇形的直线边等于圆锥素线的实长，扇形的圆弧长度等于圆锥底圆的周长 πD，扇形的中心角 $\alpha = 360° \cdot \pi D/(2\pi R) = 180°D/R$，如图9-7所示。

近似作图时，可将正圆锥表面看成是由很多三角形（即棱面）组成的，那么这些三角形的展开图近似地为锥管表面的展开图，具体作图步骤如图9-7所示。

1）把水平投影圆周12等分，在正面投影图上作出相应投影 $s'1'$、$s'2'$…

2）以素线实长 $s'7'$ 为半径画弧，在圆弧上量取12段等距离，此时以底圆上的分段弦长近似代替分段弧长，即 $\mathrm{I\,II} = 12$、$\mathrm{II\,III} = 23$…将首尾两点与圆心相连，得正圆锥面的展开图。

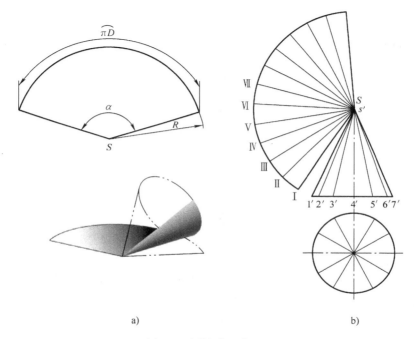

a)   b)

图9-7 圆锥表面的展开

5. 斜截口正圆锥管的展开

图9-8a为斜截口正圆锥管，它的近似展开图见图9-8b，作图步骤如下：

1）把水平投影圆周12等分，在正面投影图上做出相应素线投影 $s'1'$、$s'2'$…

2）过正面投影图上各条素线与斜顶面交点 a'、b'…分别作水平线，与圆锥转向线 $s'1'$ 分别交于 a_1'、b_1'…各点，则 $1'a_1'$、$1'b_1'$…为斜截口正圆锥管上相应素线的实长。

3）作出完整圆锥表面的展开图。在相应棱线上截取 $\mathrm{I}A = 1'a_1'$、$\mathrm{II}B = 1'b_1'$…，得 A、B …各端点。

4）用光滑曲线连接 A、B…各端点，得到斜截口正圆锥管的表面展开图，如图9-8c所示。

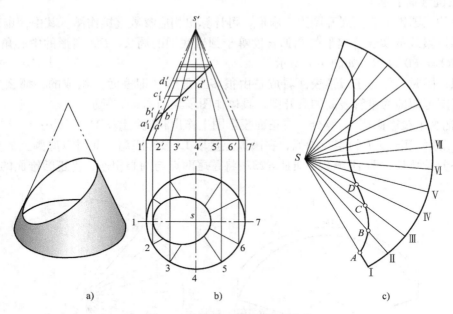

图 9-8   斜截口正圆锥管的展开

9.1.3   方圆过渡管（天圆地方）的展开

图 9-9a 中间部分为一上连圆形管口、下连方形管口的上圆下方变形接头，为了准确地画出这种接头的展开图，必须正确地分析它的表面组成。从图 9-9b 骨架模型可知，它由四个相同的等腰三角形和四个相同的 1/4 局部斜锥面组成，将这些组成部分依次展开画在同一平面上，即得该方圆过渡管的展开图，如图 9-9d 所示。作图步骤如下：

1）在水平投影图上，将圆口的 1/4 圆弧分成三等份，得分点 2、3。由图 9-9b 可知，连线 $a1$、$a2$、$a3$、$a4$ 分别为斜圆锥面上素线 $A\rm{I}$、$A\rm{II}$、$A\rm{III}$、$A\rm{IV}$ 的水平投影，其中素线 $A\rm{I}=A\rm{IV}$，$A\rm{II}=A\rm{III}$。

2）用直角三角形法求作素线 $A\rm{I}$、$A\rm{II}$ 的实长，画在正面投影的右方，图 9-9c 中 $0\rm{I}=a1$，$0\rm{II}=a2$，实长为 $A\rm{I}$（$A\rm{IV}$）、$A\rm{II}$（$A\rm{III}$）。

3）在展开图上，取 $AB=ab$，分别以 A、B 为圆心，$A\rm{I}$ 为半径作圆弧，交于点 $\rm{IV}$，得三角形 $AB\rm{IV}$，为三角形的实形。再分别以 $\rm{IV}$、A 为圆心，以 34 的弧长（近似作图用弦长代替）和 $A\rm{II}$ 为半径作圆弧，交于 $\rm{III}$ 点，得三角形 $A\rm{III}\rm{IV}$。同理依次作出 $\triangle A\rm{II}\rm{III}$、$\triangle A\rm{I}\rm{II}$，用光滑曲线连接 $\rm{I}$、$\rm{II}$、$\rm{III}$、$\rm{IV}$ 各点，即可得 1/4 斜锥面的展开图。

4）以完全相同的方法继续作图，即得方圆过渡管的展开图。

实际作图时，可以 3）中所得 1/4 斜锥面的展开图作为样板，套画其余部分。下料时，为了便于接合，应从平面部分截开，可以是整块，如图 9-9d 所示，也可以做成对称的两块。

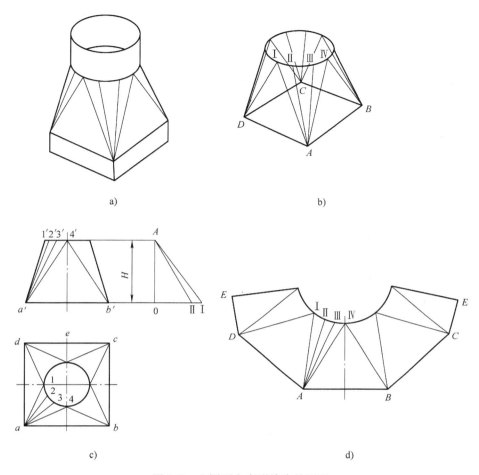

图 9-9　上圆下方变形接头的展开

9.2　焊接图

　　焊接是利用局部加热填充熔化金属或用加压等方法,将两块或多块金属熔合在一起的连接方式。它在工程中得到广泛应用。

　　零件在焊接时,常见的焊接接头有对接接头、搭接接头、T 形接头和角接接头等,焊缝形式主要有对接焊缝、定位焊缝和角焊缝等,如图 9-10 所示。

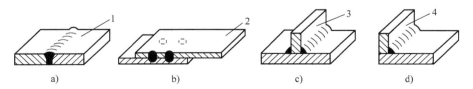

图 9-10　常见的焊接接头和焊缝形式
a) 对接焊缝　b) 定位焊缝　c)、d) 角焊缝
1—对接接头　2—搭接接头　3—T 形接头　4—角接接头

为了简化图样，一般多用焊缝符号来标注焊缝。有关焊缝符号的规定，由 GB/T 12212—2012《技术制图　焊缝符号的尺寸、比例及简化表示法》和 GB/T 324—2008《焊缝符号表示法》给出。

9.2.1　焊缝的符号

1. 焊缝的基本符号

（1）基本符号　焊缝的基本符号是表达焊缝横切面形状的符号，采用粗实线画出，见表9-1。

表9-1　焊缝的基本符号

序号	名称	示意图	符号	序号	名称	示意图	符号
1	卷边焊缝（卷边完全熔化）		八	6	平面连接（钎焊）		＝
2	I 形焊缝		‖	7	角焊缝		◺
3	V 形焊缝		∨	8	定位焊缝		○
4	单边 V 形焊缝		⌴	9	缝焊缝		⊖
5	带钝边 U 形焊缝		Y	10	堆焊缝		⌒⌒

（2）焊缝基本符号的组合　标注双面焊焊缝或接头时，基本符号可以组合使用，其符号用粗实线绘制，见表9-2。

表9-2　焊缝基本符号的组合

序号	名称	示意图	符号
1	双面 V 形焊缝（X 焊缝）		X
2	双面单 V 形焊缝（K 焊缝）		K
3	带钝边的双面 V 形焊缝		X
4	带钝边的双面单 V 形焊缝		K
5	双 U 形焊缝		⅞

2. 焊缝的补充符号

补充符号用来补充说明有关焊缝或接头的某些特征（如表面形状、衬垫、焊缝分布、施焊位置等）这些符号均用粗实线绘制，见表9-3。

表 9-3　焊缝的补充符号

序号	名称	符号	说明	序号	名称	符号	说明
1	平面	———	焊缝表面通常经过加工后平整	6	临时衬垫	MR	衬垫在焊接完成后拆除
2	凹面	⌣	焊缝表面凹陷	7	三面焊缝	⊏	三面带有焊缝
3	凸面	⌢	焊缝表面凸起	8	周围焊缝	○	沿着工件周边施焊的焊缝，标注位置为基准线与箭头线的交点处
4	圆滑过渡	⌣	焊趾处过渡圆滑	9	现场焊缝	▶	在现场焊接的焊缝
5	永久衬垫	⊏ M ⊐	衬垫永久保留	10	尾部	<	可以表示所需的信息

3. 焊缝的指引线及其用法

在图样或技术文件上表示焊接或接头时，以基本符号和指引线为基本要素。焊缝的准确位置通常由基本符号和指引线之间的相对位置决定。

（1）指引线的组成　指引线由箭头线（为细实线）和两条基准线（其中一条为细实线，另一条为虚线）两部分组成，如图9-11所示。基准线的虚线可以画在基准线的实线上侧或下侧，基准线一般应与图样的底边平行，必要时也可与底边垂直。

箭头直接指向的接头侧为"接头的箭头侧"，与之相对的则为"接头的非箭头侧"，如图9-12所示。

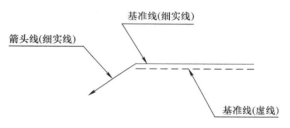

图 9-11　指引线的画法

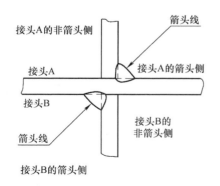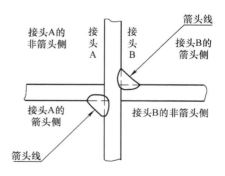

图 9-12　接头的"箭头侧"及"非箭头侧"示例

（2）焊缝基本符号与基准线的相对位置　基本符号在实线侧时，表示焊缝在箭头侧

（图9-13b）；基本符号在虚线侧时，表示焊缝在非箭头侧（图9-13c）；对称焊缝允许省略虚线（图9-13e）；在明确焊缝分布位置的情况下，有些双面焊缝也可省略虚线（图9-13g）。

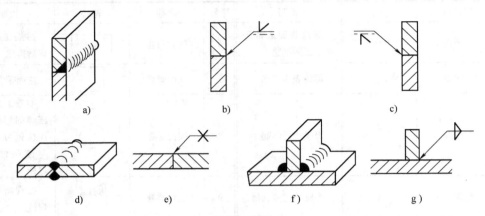

图9-13　符号在基准线上的位置

4. 焊缝的尺寸符号

焊缝尺寸指工件的厚度、坡口的角度、根部的间隙等数据的大小，焊缝尺寸一般不标注，若设计或生产需要注明焊缝尺寸时才标注，常用的焊缝尺寸符号见表9-4。

表9-4　焊缝尺寸符号（GB/T 324—2008）

符号	名称	示意图	符号	名称	示意图
δ	工件厚度	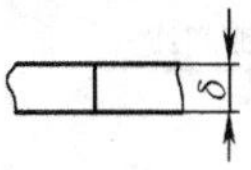	c	焊缝宽度	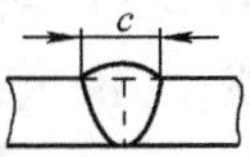
α	坡口角度	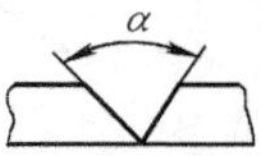	K	焊缝尺寸	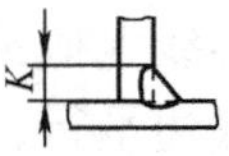
β	坡口面角度	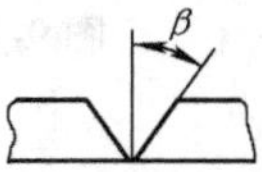	d	定位焊：熔核直径 塞焊：孔径	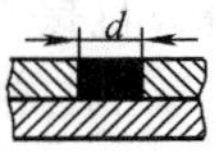
b	根部间隙	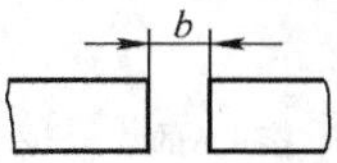	n	焊缝段数	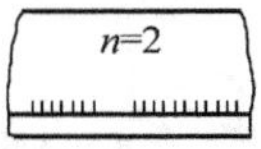
P	钝边	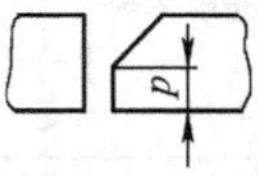	l	焊缝长度	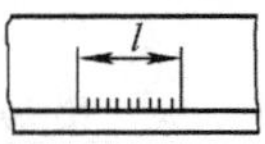
R	根部半径	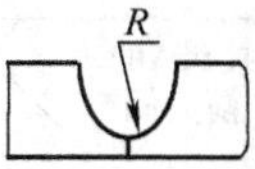	e	焊缝间距	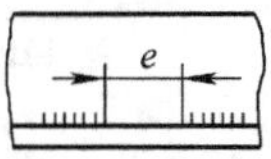
H	坡口深度	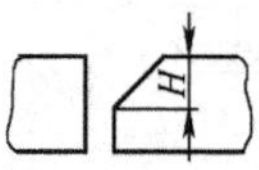	N	相同焊缝数量	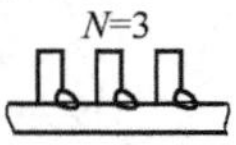
S	焊缝有效厚度	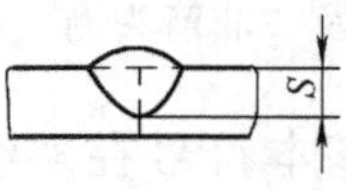	h	余高	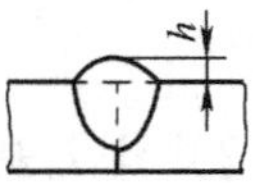

5. 焊接方法的数字代号

焊接方法很多，可用文字在技术要求中注明，也可用数字代号直接注写在尾部符号中，常用焊接方法的数字代号见表9-5。

表9-5　常用焊接方法的数字代号（GB/T 5185—2005）

焊接方法	数字代号	焊接方法	数字代号
焊条电弧焊	111	激光焊	52
埋弧焊	12	气焊	3
电渣焊	72	硬钎焊	91
电子束焊	51	定位焊	21

9.2.2　焊缝的画法和常见焊缝的标注

1. 焊缝的画法

1）在垂直于焊缝的剖面或剖面图中，一般应画出焊缝的形式并涂黑，如图9-14所示。

2）在视图中，可用栅线表示可见焊缝（栅线段为细实线段，允许徒手绘制），如图9-14b、c、d所示；也可用加粗线（$2b \sim 3b$）表示可见焊缝，如图9-14e、f所示。但在同一图样中，只允许采用一种画法。

3）一般只用粗实线表示可见焊缝，如图9-14a所示。

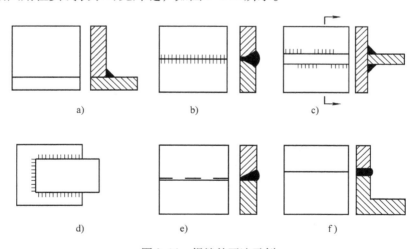

图9-14　焊缝的画法示例

2. 焊缝的标注示例

常见焊缝的标注示例见表9-6。

表 9-6　常见焊缝的标注示例

接头形式	焊缝形式	标注示例	说　明
对接接头			111 表示焊条电弧焊，V 形坡口，坡口角度为 α，根部间隙为 b，有 n 段焊缝，焊缝长度为 l
T 形接头			◤表示在现场装配时进行焊接；▷表示双面角焊缝，焊角尺寸为 k
			▷ $n\times l(e)$ 表示有 n 段断续双面角焊缝；l 表示焊缝长度，e 表示断续焊缝的间距
			Z 表示交错断续角焊缝
角接接头			⊏表示三面焊接 ◣表示单面角焊缝 ○表示定位焊接

9.2.3　焊接图的绘制与识读

1. 焊接图的表达方法

焊接图须正确地表示组成焊接构件各焊件之间的相互位置以及焊接要求、焊缝尺寸等内容，应包括以下几个方面。

1）一组用于表达焊接件结构形状的视图。

2）一组尺寸确定焊接件的大小，其中应包括焊接件的规格尺寸，各焊件的装配位置尺寸等。

3）各焊件连接处的接头形式，焊缝符号及焊缝尺寸。

4）对焊接构件的装配，焊接或焊后处理，提出必要的技术要求。

5）明细栏和标题栏。

注意：在任意图样中，焊缝图形符号的线宽、焊缝符号中字体的字形、字高和字体笔画宽度应与图样中其他符号（如尺寸符号、表面粗糙度、几何公差符号）的线宽、尺寸字体的字形、字高和笔画宽度相同。

2. 读焊接图的方法

读图时，需了解焊接构件的种类、数量、各焊件的材料及基本形状、尺寸，分析焊接构件的焊接结构工艺性，确定焊接方法和有关技术要求。下面以图 9-15 支座的焊接图为例，说明读焊接图的方法、步骤。

1）了解组成支座各焊件的种类、数量，各焊件的材料及基本形状、尺寸，分析焊接构件的焊接结构工艺性，确定焊接方法和有关技术要求。

该构件由四种共六个焊件焊接而成，材料均为 Q235，为碳素结构钢，具有较好的焊接性能，根据技术要求，焊接方法为焊条电弧焊，且焊后要进行退火处理。

2）读懂视图，能想象出焊接件及各构件的结构形状，并分析尺寸，了解其加工要求。

3）焊接两支承板内侧的角焊缝时，由于间隔尺寸偏小，焊接时应注意保证焊接要求。明确各构件间的焊接装配关系，焊接的内容和要求等。

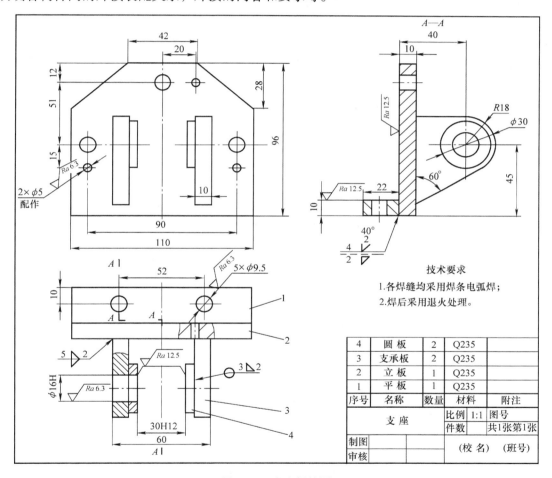

图 9-15　支座焊接图

例如：从支座的焊接图中可知，支承板与圆板间的焊缝代号为 ，其中的"○"表示环绕工件周围焊接，"◣"表示单面角焊缝，焊角高度为 3mm，这种焊缝有两条。

支承板对称地焊接在立板的中部，支承板与立板间的焊缝代号为 ，其中"▷"表示支承板与立板间为双面角焊缝，焊缝高度为 5mm，这种焊缝有两条。

在左视图中立板与平板垂直，焊接时其下表面平齐，焊接代号为 $\underset{2}{\overset{4}{\rule{0pt}{0pt}}}$ ，其中
"$\bigvee$" 表示立板与平板之间为单边 V 形焊缝，坡口深度为 4mm，对接间隙为 2mm，坡口角度为 40°，符号 "$\triangle$" 表示角焊缝，画在虚线侧，表示平板上面与立板的焊缝为焊角高度为 2mm 的焊缝。

9.3　电气工程图

电气工程图是按电子技术的要求，用规定的图形符号、字符、代号、图线等按一定的规定绘制而成的图样。它是每一件电子产品从开发设计、生产制造到保养修理以及技术交流过程中必不可少的"语言"和技术文件。

根据用途和表达形式的不同，电气工程图可分为两大类：第一类是按正投影方法绘制的图样，用以说明电子产品加工和装配关系等（如零件图、装配图、外形图、线扎图、印制电路板图等）；第二类是以图形符号为主绘制的简图（如总布局图、系统图、电路图、接线图、功能图、逻辑图、流程图等）。

9.3.1　系统图及框图

1. 系统图和框图的作用

系统图和框图是用符号和带注释的矩形框来表示系统、设备等的基本组成、主要特征、功能和相互关系的一种简图。系统图和框图原则上没有区别，在实际使用中，通常系统图用于系统或成套装置，框图用于分系统或设备。

系统图和框图用来概略地表示系统、设备的总体关系和主要工作流程，为进一步编制详细的技术文件提供依据，并作为安装、操作、维修时的参考文件，如图 9-16 所示。

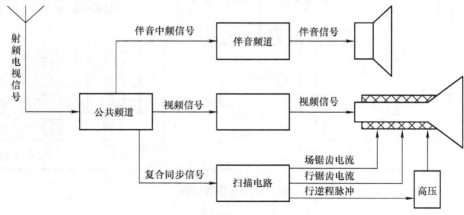

图 9-16　电视接收系统图

2. 系统图和框图的绘制方法

系统图和框图中的框一般采用矩形框，长宽之比常用 1:1、2:1、3:2、5:3 等，用粗实线绘制。某些元器件也可采用规定的其他图形符号来表示，如图 9-16 中的扬声器和阴极射线管。框的大小依据表达内容、幅面而定。框与框、框与图形符号之间的连接用细实线表

示，机械连接用虚线，并在连接线上用箭头表明作用过程和方向。连线交叉和弯折应成直角，如图9-16所示。框、图形符号应根据需要标注各种形式的注释和说明，如标注信号名称、技术数据、波形、流向等。

3. 系统图和框图的布局原则

电气系统和设备由多个电路功能单元组成，系统图和框图布局要充分体现相互的联系、前后顺序和主要技术特征。

系统图和框图在布局时，应合理、清晰、均衡，有利于识别过程和信息流向。

系统图和框图可在不同的层次上放置，根据需要逐级分解，划分层次绘制。一般来说，高层次反映对象表达较概略，低层次反映对象表达较为详细。

4. 系统图和框图的绘制步骤

以电视接收系统图为例介绍系统图的绘图步骤：

1）依据系统构成情况考虑排布方案（如确定行列形式，方框个数、大小、间隔等）。

2）按布局要求，先画出主要连接线路图，如图9-17a所示。

3）沿水平方向确定各方框的位置及尺寸，如图9-17b所示。

4）沿竖直方向确定各方框的尺寸，如图9-17c所示。

5）擦除多余图线，检查并完善全图，加深方框和图线，如图9-17d所示。

6）在各方框内分别填写相应功能单元的名称或符号，并用箭头表示出系统的作用过程和作用方向，如图9-16所示。

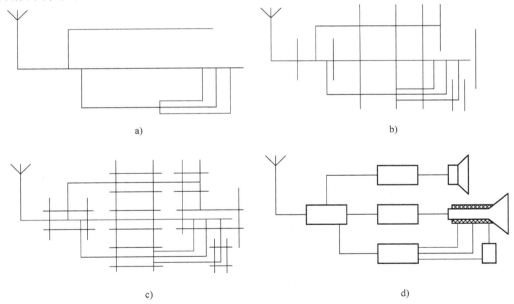

图9-17　系统框图的绘图步骤

a）连接线路图　b）各方框水平方向的位置及尺寸　c）各方框竖直方向的尺寸　d）加深方框及图线

9.3.2　电路图与印制电路板图

1. 电路图

电路图是使用图形符号、文字符号表示各元器件、单元之间的电路工作原理及相互连接关系的简图。电路图又称电原理图，是电路分析、装配检测、操作调试、维护修理的重要技术资料与依据。

电路图详细表述电气设备全部基本组成部分的工作原理、电路特征和技术性能指标，为产品装配、编制工艺、调试检测、分析故障提供信息，为编制接线图、印制电路板图及其他功能图提供依据。

电路图的布局原则为"布局合理、排列均匀、画面清晰、便于看图"。在绘制电路图时，所有元器件应采用图形符号绘制。文字符号标注应在图形符号的上方或左方，需标注技术参数时，应在文字符号下方。

电路图布置应输入端在左、输出端在右、按工作原理从左到右、从上到下成一列或数列排列，元器件（图形符号）纵、横位置应平齐，如图 9-18 所示。元器件之间电路连接线用细实线表示，应连线最短、交叉最少、横平纵直。在整体布局时，应注意元器件、连接线之间的间隔，留有足够的空隙标注文字符号、技术参数及注释。

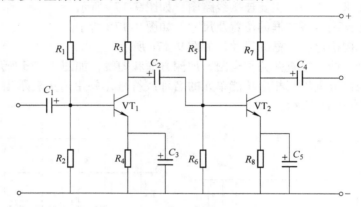

图 9-18　低频两级放大电路

以低频两级放大电路图为例，电路图的绘制方法与步骤如下。

1）根据电路图的布局需要画出电路连接线，如图 9-19a 所示。

2）确定各元器件水平方向上的大小及位置，如图 9-19b 所示。

3）确定各元器件竖直方向上的大小及位置，如图 9-19c 所示。

4）擦除多余线段，完成各元器件的图形，如图 9-19d 所示。

5）标注各元器件的文字符号及技术参数，完成电路图的绘制，如图 9-18 所示。

2. 印制电路板图

（1）印制电路板的基本知识　印制有导线和元器件系统的绝缘基板称为印制电路板。印制电路板主要用于安装、贴装、连接各种电子元器件，同时还起着电气连接作用、绝缘作用和结构支撑作用。

印制电路板的加工过程：电路图→印制电路设计→绘制照相底图→照相制版→图形转移→蚀刻→印制插头的电镀→表面处理与滚锡→钻孔或冲孔→孔金属化→修边与机加工。

印制电路板根据印制电路板的基板材料分为敷铜环氧酚醛层压纸板和布板两大类。印制电路板具有可靠性高、机械强度大、耐振性能和耐冲击性能较好、厚度小、重量轻、便于标准化、用铜量小、批量生产率高等特点。印制电路板按其结构可分为单面印制电路板（即

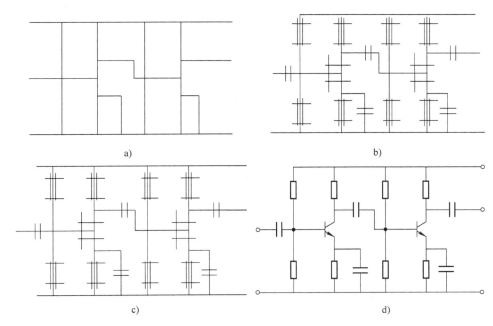

图 9-19　电路图的绘制步骤

一面敷铜箔）、双面印制电路板、多层印制电路板和柔性印制电路板。

（2）印制电路板的轮廓与尺寸　印制电路板的形状以矩形为常见，具体尺寸可参阅国家有关标准，非国家标准应根据要求和结构需要确定尺寸。引线孔孔径为元器件引线端子直径的 1.1～1.5 倍。安装孔应按标准件的公称直径来确定孔径大小。

印制导线的宽度及间距根据截流量、工作环境、工作电压、频率、敷铜厚度来决定，宽度常为 0.2～2.0mm，特殊要求另行设计。印制导线之间的间距根据电压、频率、气压等条件确定，一般应不小于 0.5mm。

焊盘是引线孔周围的环状敷铜箔，供焊接元器件引线使用，基本形状为圆形和矩形。

3. 印制电路板图的绘制方法

（1）印制电路板零件图　印制电路板零件图是表示导电图形、结构要素、标记符号、技术要求和有关说明的图样。单面印制电路板的图样一般用一个视图，双面印制电路板的图样一般用两个视图（主视图、后视图）。多层印制电路板的每一导线层应绘制一个视图，视图上应标出层次序号。当视图为后视图时，应标注"后视"字样。根据需要，必要时可将结构要素和标记符号分别绘制，此时技术要求和有关说明应写在第一张图上。

印制导线有四种表示形式：双线轮廓绘制表示法，如图 9-20a 所示；双线轮廓内涂色绘制表示法，如图 9-20b 所示；双线轮廓内剖面符号绘制表示法，如图 9-20c 所示；单线表示法，用于印制导线宽度小于 1mm 时或宽度基本一致时的绘制，如图 9-20d 所示。

印制电路板零件图中，引线孔的中心必须在坐标网格的交点上。圆形排列的孔组的公共中心点必须在坐标网格的交点上，其他孔至少有一个点的中心位于上述交点的同一坐标网格线上，如图 9-21 所示。

非圆形排列的孔组中至少有一个孔的中心必须在坐标网格的交点上，其他孔至少有一个

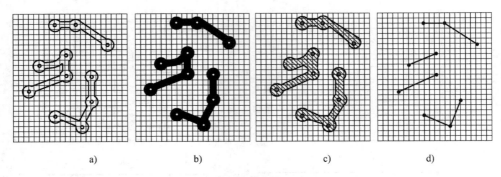

a)　　　　　　　b)　　　　　　　c)　　　　　　　d)

图 9-20　导线的表示方法

点的中心位于上述交点的同一坐标网格线上，如图 9-22 所示。印制电路板安装孔应按结构尺寸要求将中心定位于坐标网格线的交点上。

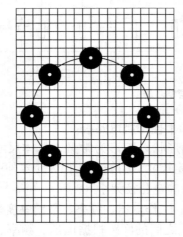

图 9-21　引线孔表示法

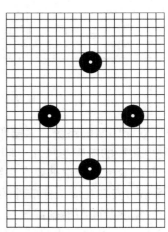

图 9-22　安装孔表示法

印制电路板上可采用元器件图形符号或元器件的简化外形和它在电路图、逻辑图的位号表示，如图 9-23 和图 9-24 所示。

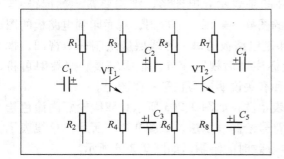

图 9-23　元器件图形符号表示法

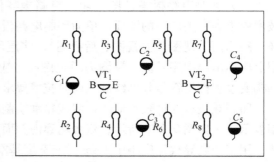

图 9-24　元器件外形及位号表示法

（2）印制电路板装配图　印制电路板装配图是表示各种元器件和结构件等与印制电路板连接关系的图样。印制电路板装配图根据所装元器件的特点及装配关系，应选用恰当的视图和表示方法，要求图面完整、清晰、制图简便。图样中要有必要的外形尺寸、安装尺寸、与其他产品的连接位置尺寸、技术要求和说明。

　　印制电路板只有一个面装有元器件和结构件时，一般只画一个视图。印制电路板两面均装有元器件和结构件时，以元器件多的为主视图，较少的为后视图。印制电路板一般不画出导电图形，如需表示反面导电图形，可用虚线或色线画出，如图 9-25 所示。

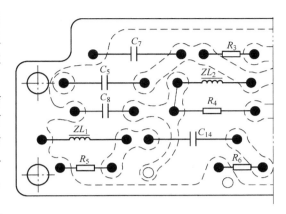

图 9-25　印制电路板

　　在清楚地表示装配关系的前提下，印制电路板装配图中的元器件一般采用简化外形或按 GB/T 4728《电气简图用图形符号》绘制图形符号。当元器件在装配图中有极性和方向要求时，必须标出极性、定位特征标志，如图 9-26 所示。

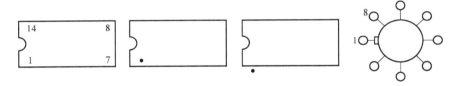

图 9-26　电子元器件的极性与方向标注

9.3.3　接线图与线扎图

1. 接线图

　　接线图是用符号表示电子产品中各个项目（元器件、组件、设备等）之间电连接以及相对位置的一种简图。将简图的全部内容改用简表的形式表示，就成了接线表。接线图和接线表是表达相同内容的两种不同形式，两者的功能完全相同，可以单独使用，也可以组合在一起用。它们是在电路图和逻辑图的基础上绘（编）制出来的，它应表示出项目的相对位置、项目代号、端子号、导线号、导线类型、导线截面积、屏蔽和导线组合等内容。导线的颜色或数字标识方法见 GB 7947《导体的颜色或数字标识》，电气颜色标号规定见 GB/T 13534《颜色标志的代码》。

　　（1）接线图的绘制方法　接线图主要由元器件、端子和连接线组成。接线图中各个项目（如元件、器件、部件、组件、成套设备等）可采用简单的轮廓表示，也可采用图形符号。端子一般用图形符号和端子代号表示。当用简化外形表示端子所在项目时，可不画端子符号，仅用端子代号表示。端子间的实际导线在接线图中可采用连续线和中断线表示。

　　连续线表示两端子之间导线的线条是连续的，如图 9-27 所示。

　　中断线表示两端子之间导线的线条是中断的，在中断处必须标明导线的去向，标记符号对应关系，如图 9-28 所示。

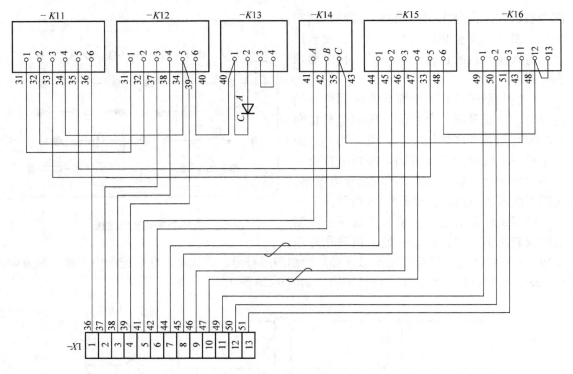

图 9-27　用连续线画接线图

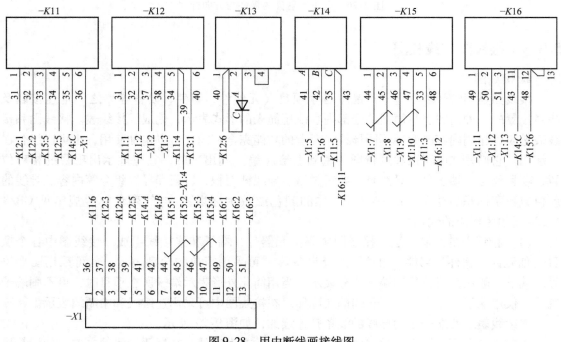

图 9-28　用中断线画接线图

（2）接线表的绘制方法　接线表若是以连接线为主的格式，应首先在接线表中将连接线（导线、电缆、电缆芯等）序号依次列出，并列出每条连接线所连接的端子代号，见表 9-7。

表 9-7　以连接线为主的单元接线表

连接线			连接点					
型号	线号	备注	项目代号	端子代号	备注	项目代号	端子代号	备注
	31		− K11	： 1		− K12	： 1	
	32		− K11	： 2		− K12	： 2	
	33		− K11	： 3		− K15	： 5	
	34		− K11	： 4		− K12	： 5	39
	35		− K11	： 5		− K14	C	43
	36		− K11	： 6		− X1	： 1	
	37		− K12	： 3		− X1	： 2	
	38		− K12	： 4		− X1	： 3	
	39		− K12	： 5	34	− X1	： 4	
	40		− K12	： 6		− K13	： 1	− V1
	—		− K13	： 1	40	− V1	C	
	—		− K13	： 2		− V1	A	
	短接线		− K13	： 3		− K13	4	

接线表若是以端子为主的格式，要求将需要连接的元器件及端子依次在表中列出并对应列出与端子相连的连接线，见表 9-8。在接线表中元器件用项目代号表示，端子用标志在元器件上的端子代号表示。

表 9-8　以端子为主的单元接线表

项目代号	端子代号	电缆号	芯线号
− X1	： 11	− W136	1
	： 12	− W137	1
	： 13	− W137	2
	： 14	− W137	3
	： 15	− W137	4
	： 16	− W137	5
	： 17	− W136	2
	： 18	− W136	3
	： 19	− W136	4
	： 20	− W136	5
	： PE	− W136	PE
	： PE	− W137	PE
	备用	− W137	6

2. 线扎图

在电气产品中的导线通常很多，为了保证布线整齐美观及使用安全，应将导线捆成线扎。线扎图是表示多根导线和电缆用绑扎、扣锁或黏合等方法组合成线束的图样。线扎图的表达方式有结构方式和图例方式两种。

（1）结构方式　　线束的主干和分支用双线轮廓绘制，线束始末两端引出头用粗实线绘制，电缆应按实物外形示出，绑扎处用细实线绘制，如图9-29所示。

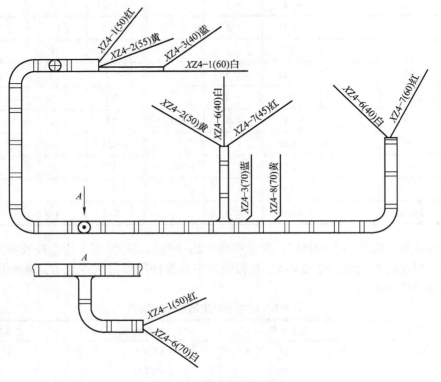

图9-29　线扎图结构方式

（2）图例方式　　线束的所有主干、分支和单线均采用粗实线绘制，如图9-30所示。

线扎图一般采用在同一平面上线扎的视图表示，在折弯处用折弯符号和 A 向视图补充表示。线扎图通常采用1:1绘制，折弯符号及其意义见表9-9。

在线扎图中，必须对每一根导线的始末端进行编号，编号应注写在导线引出头的旁边。线扎图的主干、分支线均应标注尺寸，而单线的引出头长度可用数字表示，如图9-29和图9-30所示。

线扎图中所有包含的导线编号、规格、预定长度等，可按顺序在明细表中说明，见表9-10。

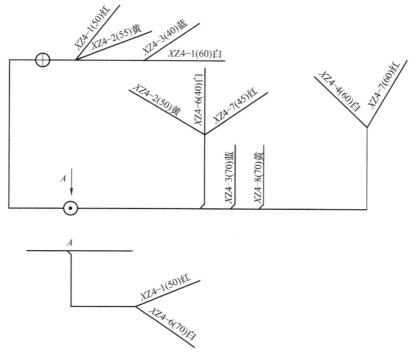

图 9-30　线扎图图例方式

表 9-9　折弯符号及其意义

符　号	意　义	符　号	意　义
⊙	表示向上折弯 90°	⊕	表示线束在折弯处呈两个分支折弯，一支向上，一支向下
⊕	表示向下折弯 90°		表示向下折弯 90°，再向左折弯 90°
⊙→	表示向上折弯 90°，再向右折弯 90°		

表 9-10　导线编号表

编　号	导线规格 （牌号　线径　颜色）	预定长度	备　注	更　改
XZ4 - 1	1　　红	50		
XZ4 - 2	1.5　黄	55		
XZ4 - 3	2　　蓝	40		
XZ4 - 4	1　　白	60		

9.3.4　逻辑图与流程图

1. 逻辑图

由逻辑元器件（符号）和连接线构成的表述一定逻辑系统功能的图样称为逻辑图。

（1）逻辑元器件图形符号　二进制逻辑元器件图形符号是由方框、限定符号（包括关联标记）及外加输入线和输出线构成，常见的逻辑符号如图9-31所示。

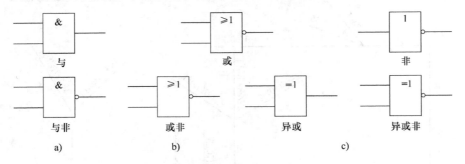

图9-31　逻辑元器件图形符号

二进制逻辑元器件图形符号框的长宽之比值是任意的。主要依据所表示元器件的内部空间和外部输入、输出线数多少而定。元器件框与元器件框之间可以组合绘制，主要有邻接法和镶嵌法，如图9-32和图9-33所示。

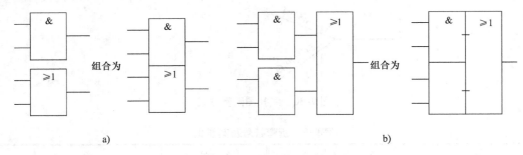

图9-32　逻辑符号的邻接组合

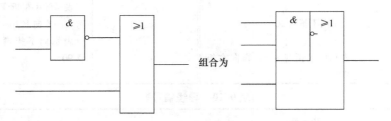

图9-33　逻辑符号的镶嵌组合

（2）逻辑图的绘制方法与步骤　逻辑图的布局应有助于理解，布局要均衡、疏密得当，使信息的基本流向从左到右或自上而下。在信息流向不明显时应在连接线上加一箭头标记，注意箭头标记不得紧靠其符号与标记。连接线用实线绘出，折弯处应相互垂直。输出线、输入线应在符号的相对两边并垂直于框线。

逻辑图的绘图步骤如下：

1）根据各逻辑单元的连接关系以及连接线的要求绘制基准线，如图9-34a所示。

2）根据基准线布置逻辑符号，应注意逻辑符号在图中的间隔，如图9-34b所示。

3）绘制连接线，擦除基准线，描深图线，如图9-34c所示。

4）加注标记、注解及信息流标记等，完成全图，如图9-34d所示。

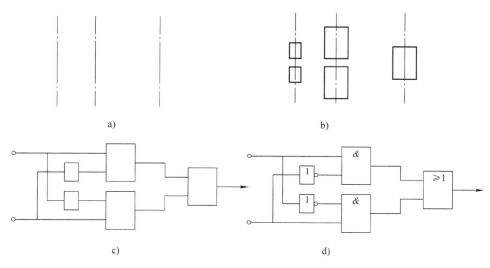

图 9-34　逻辑图的绘制步骤

2. 流程图

在编制各种信息处理和计算机程序时，对某个问题和定义、分析或解法用图形表示，图中用各种符号表示各个处理步骤，用流线把这些符号连接起来，以表示各个步骤执行次序的简图，称为流程图。

表 9-11 是从 GB/T 1526—1989 中摘录的流程图常用的图形符号。

表 9-11　流程图中常用的图形符号

符号	意义	符号	意义
	程序的开始及结束		输入或输出
	执行操作		手动输入
	调用子程序		流程连接符号
	流程分支选择		程序流程方向

流程的一般方向是从左到右、自上而下。当流程不按此规定时，要用箭头指示流程方向。无论什么时候，为了清晰，都可利用箭头指示流程图的方向。流线可以交叉，但不表示它们逻辑上的关系。两根或更多的流线，可以汇集成一条流线。图形符号的大小、比例均要适当。流程图中文字书写规则，不管流程方向如何，图形符号内的文字说明均按从左到右、自上而下的方向书写。图 9-35 是求解最大公约数的流程图。

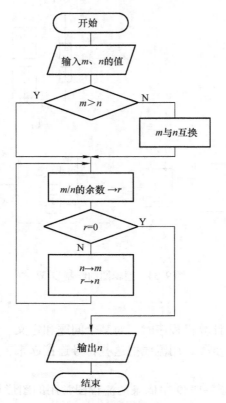

图 9-35　求解最大公约数的流程图

第 10 章　计算机绘图

【知识目标】

掌握 AutoCAD 的基本操作，绘图命令，编辑命令，图层控制，尺寸和文字标注，图块等的相关知识。

【能力目标】

具有运用常用绘图命令，熟练使用编辑命令，能够使用图层对图样进行管理，能够熟练地标注尺寸和文字，了解图块的功能的能力。

【本章小结】

AutoCAD 是由美国 Autodesk 公司开发的通用计算机辅助绘图与设计软件包，具有易于掌握、使用方便、体系结构开放等特点，深受广大工程技术人员的欢迎。下面介绍使用 AutoCAD 2012绘图的一般方法。

10. 1　AutoCAD 2012 工作界面

正确安装 AutoCAD 2012 后，双击桌面上的 AutoCAD 2012 图标，或者在 Windows 任务栏单击"开始"，选择"所有程序"在"Autodesk"文件夹中找到"AutoCAD 2012"菜单，单击进入 AutoCAD 2012。

AutoCAD 2012 的经典工作界面由标题栏、菜单栏、工具栏、绘图窗口、光标、命令窗口、状态栏、坐标系图标、模型与布局选项卡等组成，如图 10-1 所示。

1. 标题栏

标题栏位于应用程序窗口的最上面，用于显示当前正在运行的程序名及文件名等信息。单击标题栏右端的按钮，可以最小化、最大化或关闭程序窗口。标题栏最左边是软件的小图标，单击它将会弹出一个 AutoCAD 窗口控制下拉菜单，可以进行还原、移动、大小、最小化、最大化窗口、关闭 AutoCAD 窗口等操作。

2. 菜单栏

菜单栏是主菜单，可利用其执行 AutoCAD 的大部分命令。单击菜单栏中的某一项，会弹出相应的下拉菜单。如图 10-2 为"视图"下拉菜单。下拉菜单中，右侧有小三角的菜单项，表示它还有子菜单。右图显示出了"缩放"子菜单，右侧没有小三角的表示没有子菜单项，单击它后会执行对应的 AutoCAD 命令。

3. 工具栏

AutoCAD 2012 提供了 40 多个工具栏，每一个工具栏上均有一些形象化的按钮。单击某一按钮，可以启动 AutoCAD 的对应命令。用户可以根据需要打开或关闭任一工具栏，方法

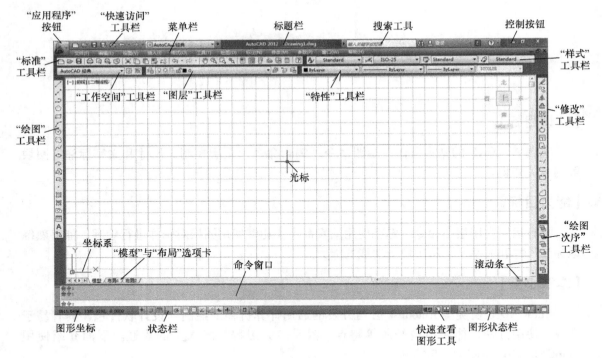

图 10-1　AutoCAD 2012 工作界面

是，在已有工具栏上右击，AutoCAD 弹出工具栏快捷菜单，通过其可实现工具栏的打开与关闭。此外，通过选择与下拉菜单"工具"→"工具栏"→"Auto-CAD"对应的子菜单命令，也可以打开 AutoCAD 的各工具栏。

工具栏也可以按需要个性化定制。将光标移到任一工具栏上单击鼠标右键，在弹出的工具栏选项菜单中即可选择要打开或关闭的工具栏。将光标移至工具栏的标题上，按住鼠标左键，将其拖动至合适位置即可在工作界面上移动工具栏。

4. 绘图区

绘图窗口是用户绘图的工作区域，所有的绘图结果都反映在这个窗口中。用户可以根据需要关闭其周围和里面的各个工具栏，以增大绘图空间。如果图纸比较大，需要查看未显示部分时，可以单击窗口右边与下边滚动条上的箭头，或拖动滚动条上的滑块来移动图纸。

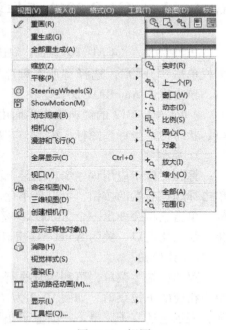

图 10-2　视图

在绘图窗口中除了显示当前的绘图结果外，还显示了当前使用的坐标系类型及坐标原点，X、Y、Z 轴的方向等。默认情况下，坐标系为世界坐标系（WCS）。

绘图窗口的下方有"模型"与"布局"选项卡，单击它们可以在模型空间或图纸空间之间来回切换。

5. 光标

当光标位于 AutoCAD 的绘图窗口时为十字形状，所以又称其为十字光标。十字线的交点为光标的当前位置。AutoCAD 的光标用于绘图、选择对象等操作。

6. 命令行及文本窗口

命令行和文本窗口是操作人员与 AutoCAD 进行对话的窗口。"AutoCAD 文本窗口"是记录 AutoCAD 命令的窗口，是放大的"命令行"窗口，它记录了用户已执行的命令，也可以用来输入新命令，通常，按"F2"键可以在绘图窗口和文本窗口之间切换。

7. 状态栏

状态栏主要用来显示 AutoCAD 当前的状态。可以显示绘图时正交、对象捕捉、线宽等设置状态。这些状态的设置均是开关切换按钮，按钮被按下去时为开。

10.2　基本绘图命令

绘图命令是用于生成图形元素的命令，常用的绘图命令都在"绘图"工具栏中，如图 10-3 所示。

| 直线 | 构造线 | 多段线 | 多边形 | 矩形 | 圆弧 | 圆 | 修订云线 | 样条曲线 | 椭圆 | 椭圆弧 | 插入块 | 创建块 | 点 | 图案填充 | 渐变色 | 面域 | 表格 | 多行文字 | 添加选定对象 |

图 10-3　"绘图"工具栏

10.2.1　直线 LINE

< 直线命令 >：

1）"绘图"工具栏→✐。

2）菜单栏→绘图→直线。

3）命令行：L 或 Line。

< 说明 >：

1）功能：画直线，如图 10-4 所示。

2）命令提示及选项。

命令：_line　指定第一点：指定点 1 或者按 < Enter >
键从上一条线或圆弧继续绘制

指定下一点或［放弃（U）］：指定点 2

指定下一点或［闭合(C)/放弃（U）］：指定点 3

指定下一点或［闭合(C)/放弃（U）］：c（闭合）

坐标确定方法：

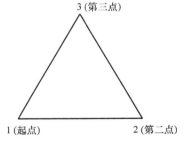

图 10-4　绘制直线

1）绝对坐标：X，Y

2）相对坐标：@X，Y

3）相对极坐标：@极轴半径＜极轴角

10.2.2　构造线 XLINE

＜构建线命令＞：

1）"绘图"工具栏→ 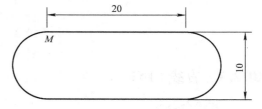 。

2）菜单栏→绘图→构造线。

3）命令行：XL 或 XLINE

＜说明＞：

1）功能：创建无限长的直线。

2）命令提示及选项。

命令：_ xline　指定点或［水平（H）/垂直（V）/角度（A）/二等分（B）/偏移（O）］

10.2.3　多段线 PLINE

＜多段线命令＞：

1）"绘图"工具栏→ ⌐。

2）菜单栏→绘图→多段线。

3）命令行：PL 或 PLINE。

＜说明＞：

1）功能：创建二维多段线，如图 10-5 所示。

2）命令提示及选项。

命令：_ pline

指定起点：

当前线宽为 0.0000

指定下一个点或［圆弧（A）/半宽（H）/长度（L）/放弃（U）/宽度（W）］：20

图 10-5　多段线画长圆形

指定下一点或［圆弧（A）/闭合（C）/半宽（H）/长度（L）/放弃（U）/宽度（W）］：a

指定圆弧的端点或［角度（A）/圆心（CE）/闭合（CL）/方向（D）/半宽（H）/直线（L）/半径（R）/第二个点（S）/放弃（U）/宽度（W）］：10

指定圆弧的端点或［角度（A）/圆心（CE）/闭合（CL）/方向（D）/半宽（H）/直线（L）/半径（R）/第二个点（S）/放弃（U）/宽度（W）］：1

指定下一点或［圆弧（A）/闭合（C）/半宽（H）/长度（L）/放弃（U）/宽度（W）］：20

指定下一点或［圆弧（A）/闭合（C）/半宽（H）/长度（L）/放弃（U）/宽度（W）］：a

指定圆弧的端点或［角度（A）/圆心（CE）/闭合（CL）/方向（D）/半宽（H）/直线（L）/半径（R）/第二个点（S）/放弃（U）/宽度（W）］：10

指定圆弧的端点或［角度（A）/圆心（CE）/闭合（CL）/方向（D）/半宽（H）/直线（L）/半径

（R)/第二个点(S)/放弃(U)/宽度(W)]：按 < Enter > 键

10. 2. 4　多边形 POLYGON

< 多边形命令 > ：

1）"绘图"工具栏→⬠。

2）菜单栏→绘图→多边形。

3）命令行：POL 或 POLYGON。

< 说明 > ：

1）功能：绘制 3 ~ 1024 条边的多边形，如图 10-6 所示。

2）命令提示及选项。

命令：_ polygon　输入侧面数 < 4 > ：输入边数 5

指定正多边形的中心点或［边（E)］：指定一点或输入点 E

输入选项［内接于圆(I)/外切于圆(C)］ < I > :输入 I 或 C，或按 < Enter > 键。

指定圆的半径：输入半径值。

选项说明。

边：通过指定第一条边的端点来定义正多边形。

多边形中心：定义多边形中心点。

外接于圆：指定外接圆半径，多边形的顶点都在圆周上。

内接于圆：指定正多边形中心点到各边中点的距离。

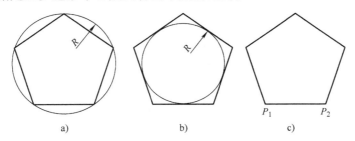

图 10-6　绘制多边形

a) I 方式　b) C 方式　c) E 方式

10. 2. 5　矩形 RECTANG

< 矩形命令 > ：

1）"绘图"工具栏→▭。

2）菜单栏→绘图→矩形。

3）命令行：REC 或 RECTANG。

< 说明 > ：

1）功能：绘制矩形，如图 10-7 所示。

2）命令提示及选项。

命令：_ rectang

指定第一个角点或［倒角（C）/标高（E）/圆角（F）/厚度（T）/宽度（W）］：（其中指定一个角是指定矩形的一角点。）

指定另一个角点或［面积（A）/尺寸（D）/旋转（R）］：（面积指用面积与长度或宽度创建矩形，尺寸指用长和宽创建矩形，旋转指按指定的旋转角度创建矩形。）

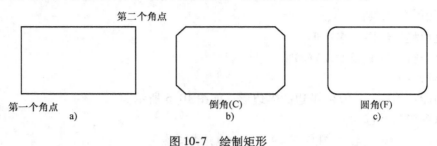

图 10-7　绘制矩形

10.2.6　圆弧 ARC

＜圆弧命令＞：

1）"绘图"工具栏→。

2）菜单栏→绘图→圆弧。

3）命令行：A 或 ARC。

＜说明＞：

1）功能：绘制圆弧，如图 10-8 所示。

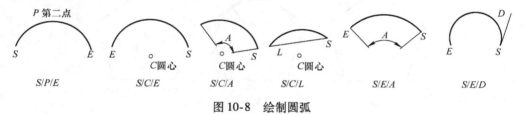

图 10-8　绘制圆弧

2）命令提示及选项。

命令：_ arc　指定圆弧的起点或［圆心（C）］：

指定圆弧的第二个点或［圆心（C）/端点（E）］：

指定圆弧的端点：

选项说明。

起点：指定圆弧的起点。

圆心：指定圆弧的圆心，指定圆心后系统提示：指定圆弧的端点或［角度（A）/弦长（L）］：

角度：指定包含角从起点（S）向端点（E）逆时针绘制圆弧。

弦长：绘制一条劣弧或优弧。如果弦长为正，AutoCAD 将使用圆心（C）和弦长计算端点角度，并从起点（S）起逆时针绘制一条劣弧；如果弦长为负，AutoCAD 将逆时针绘制一条优弧。

端点：指定圆弧结束点。指定结束点后系统提示：指定圆弧的圆心或［角度（A）/方向（D）/半径（R）］：

方向：绘制圆弧在起点处与指定方向相切。在给定圆弧的起点和终点后，指定圆弧起点处切线方向。

半径：从起点（S）向端点（E）逆时针绘制一条劣弧。如果半径为负，AutoCAD 将绘制一条优弧。

10.2.7　圆 CIRCLE

＜圆命令＞：

1）"绘图"工具栏→⊙。

2）菜单栏→绘图→圆。

3）命令行：C 或 CIRCLE。

＜说明＞：

1）功能：绘制圆，如图 10-9 所示。

2）命令提示及选项。

命令：_ c

circle 指定圆的圆心或［三点(3P)/两点(2P)/切点、切点、半径(T)］:指定圆心

选项说明。

默认项是指定圆心位置及半径/直径方式画圆。

三点：基于圆周上的三个点来画圆。

两点：基于圆直径上的两个端点来画圆。

切点、切点、半径：基于指定半径和两个相切对象绘制圆。

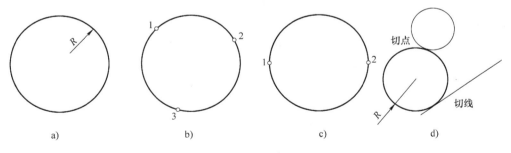

图 10-9　绘制圆

a）圆心 + 半径　b）三点（3P）　c）两点（2P）　d）切点、切点、半径

10.2.8　点 POINT

＜点命令＞：

1）"绘图"工具栏→▫。

2）菜单栏→绘图→点。

3）命令行：POINT。

<说明 >：

1）功能：绘制指定式样的点。

2）命令提示及选项。

命令：_ point

当前点模式：PDMODE = 0　　PDSIZE = 0. 0000

指定点：在绘图菜单栏下拉菜单中还有多点（P）、定数等分（D）、定距等分（M），如图 10-10 所示。

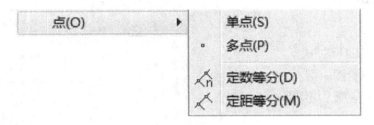

图 10-10　点选项

10.2.9　多行文字 MTEXT

<多行文字命令 >：

1）"绘图"工具栏→**A**。

2）菜单栏→绘图→多行文字。

3）命令行：MTEXT。

<说明 >：

1）功能：在用户指定的边框范围内添加多行文本。

2）命令提示及选项。

命令：_ mtext　　当前文字样式："Standard"　　文字高度：2. 5　　注释性：否

指定第一角点：指定一点

指定对角点或[高度(H)/对正(J)/行距(L)/旋转(R)/样式(S)/宽度(W)/栏(C)]：

10.3　常用编辑修改命令

AutoCAD 具有强大的图形编辑修改功能，常用修改命令如图 10-11 所示。在编辑修改图形对象前，应先选择被编辑的图形对象，常用方法有以下两种：

1. 单选

直接用鼠标单击图形对象，被选中的图形变成虚线并显示出夹点，可连续选中多个对象。

2. 指定矩形框选择区域

当命令提示为"选择对象："时，按下左键并拖动鼠标可形成矩形框，根据鼠标拖动方向的不同，形成不同的选择方式。鼠标由左向右拖动形成实线矩形框，成为窗口选择，选择完全位于矩形框内的对象。鼠标由右向左拖动形成虚线矩形框，称为交叉选择，选择矩形区域包围或相交的对象。

图 10-11　"修改"工具栏

10.3.1　删除 ERASE

<删除命令>：

1)"修改"工具栏→ ⊿。

2)菜单栏→修改→删除。

3)命令行：E 或 ERASE。

<说明>：

1)功能：删除指定实体。

2)命令提示及选项。

命令：_ erase

选择对象：用选择对象方式，按<Enter>键完成选择并删除选中的对象。

10.3.2　复制 COPY

<复制命令>：

1)"修改"工具栏→ ⊘。

2)菜单栏→修改→复制。

3)命令行：CO 或 COPY。

<说明>：

1)功能：复制图形实体，如图 10-12 所示。

2)命令提示及选项。

命令：_ copy

选择对象：选择对象

当前设置：复制模式 = 当前值

指定基点或[位移(D)/模式(O)/多个(M)]<位移>：

指定基点或输入选项

指定第二个点或[阵列(A)]<使用第一个点作为位移>：

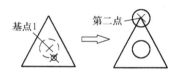

第一复制

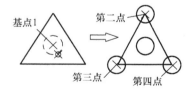

多重复制

图 10-12　复制图形

10.3.3　镜像复制 MIRROR

<镜像复制命令>：

1）"修改"工具栏→▵▮。

2）菜单栏→修改→镜像。

3）命令行：MI 或 MIRROR。

<说明>：

1）功能：将图形实体镜像复制，如图 10-13 所示。

2）命令提示及选项。

命令：_ mirror

选择对象：选择所需镜像的对象

指定镜像线的第一点：指定点 1

指定镜像线的第二点：指定点 2

要删除源对象吗？　[是（Y）/否（N）]

<N>：输入 Y 或 N，或按<Enter>键。

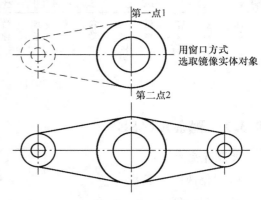

图 10-13　镜像图形

10.3.4　偏移 OFFSET

<偏移命令>：

1）"修改"工具栏→▭。

2）菜单栏→修改→偏移。

3）命令行：O 或 Offset。

<说明>：

1）功能：对一个选择的图形实体生成等距线，如图 10-14 所示。

2）命令提示及选项。

命令：_ offset

当前设置：删除源 = 否　图层 = 源　OFFSETGAPTYPE = 0

指定偏移距离或［通过（T）/删除（E）/图层（L）］<通过>:5

选择要偏移的对象或［退出（E）/放弃（U）］<退出>：

指定要偏移一侧的点或［退出（E）/多个（M）/放弃（U）］<退出>：

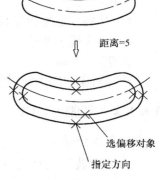

图 10-14　偏移图形

10.3.5　阵列 ARRAY

<阵列命令>：

1）"修改"工具栏→▦。

2）菜单栏→修改→阵列。

3）命令行：AR 或 ARRAY。

<说明>：

1）功能：阵列复制实体。

2）命令提示及选项。

命令：_ array

在修改菜单中可选择矩形阵列、路径阵列和环形阵列，根据所需进行选择，如图 10-15

所示，完成阵列样式如图 10-16 所示。

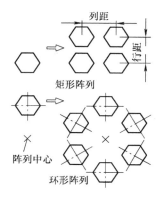

图 10-15　阵列选项　　　　　图 10-16　阵列图形

10.3.6　移动 MOVE

＜移动命令＞：

1）"修改"工具栏→✛。

2）菜单栏→修改→移动。

3）命令行：M 或 MOVE。

＜说明＞：

1）功能：在指定方向上按指定距离移动对象，如图 10-17 所示。

2）命令提示及选项。

命令：_ move

选择对象：使用一种对象选择方式，按＜Enter＞键结束对象选择。

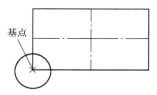

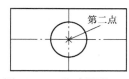

图 10-17　移动图形

选择对象：使用对象选择方式并在完成时按＜Enter＞键。

指定基点或［位移（D）］＜位移＞：指定基点或者输入位移量。

指定第二个点或＜使用第一个点作为位移＞：指定点或按＜Enter＞键，如前一提示输入的是位移量，则本次提示按＜Enter＞键即可。

10.3.7　旋转 ROTATE

＜旋转命令＞：

1）"修改"工具栏→↻。

2）菜单栏→修改→旋转。

3）命令行：RO 或 ROTATE。

＜说明＞：

1）功能：绕基点旋转对象，如图 10-18 所示。

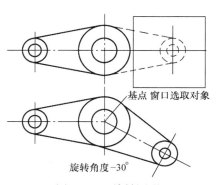

图 10-18　旋转图形

2）命令提示及选项。

命令：_ rotate

UCS 当前的正角方向：ANGDIR = 逆时针　ANGBASE = 0

选择对象：使用一种对象选择方式并按 Enter 完成选择

指定基点：指定点作为基点

指定旋转角度或[复制(C)∕参照(R)]：指定一个角度

10.3.8　缩放 SCALE

<缩放命令>：

1）"修改"工具栏→▢。

2）菜单栏→修改→缩放。

3）命令行：SC 或 SCALE。

<说明>：

1）功能：放大或缩小选定对象，使缩放后对象的比例保持不变，如图 10-19 所示。

2）命令提示及选项。

命令：_ scale

选择对象：使用一种对象选择方式并按 Enter 完成选择

指定基点：指定点 1 输入缩放基点

指定比例因子或[复制(C)∕参照(R)]：输入比例因子数

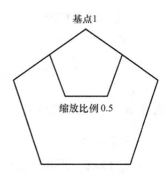

图 10-19　缩放五边形

10.3.9　拉伸 STRETCH

<拉伸命令>：

1）"修改"工具栏→◢。

2）菜单栏→修改→拉伸。

3）命令行：S 或 STRETCH。

<说明>：

1）功能：拉伸图形中指定部分，使图形沿某个方向改变尺寸，但保持与原图形不动部分相连，如图 10-20所示。

2）命令提示。

命令：_ stretch

以交叉窗口或交叉多边形选择要拉伸的对象

选择对象：指定对角点：使用一种对象选择方式并按 Enter 完成选择

指定基点或［位移（D)］<位移>：指定基点

指定第二个点或<使用第一个点作为位移>：

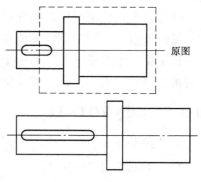

图 10-20　拉伸图形

10.3.10　剪切 TRIM

＜剪切命令＞：

1）"修改"工具栏→—/---。

2）菜单栏→修改→剪切。

3）命令行：TRIM。

＜说明＞：

1）功能：以选定的一个或多个实体作为裁剪边，剪切过长的直线或圆弧等，使被切实体在剪切边交点处被切断并删除，如图 10-21 所示。

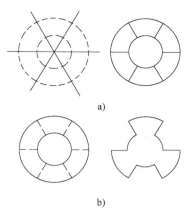

2）命令提示及选项。

命令：_ trim

当前设置：投影＝UCS　边＝无

选择剪切边

选择对象或＜全部选择＞：选择裁剪边

选择要修剪的对象或按住 Shift 选择要延伸的对象，或［栏选（F）/窗交（C）/投影（P）/边（E）/删除（R）/放弃（U）］：选择要修剪的对象、按 Shift 选择要延伸的对象或输入选项。

图 10-21　剪切图形

a）以圆为剪切边修剪直线

b）以直线为剪切边修剪圆

选项说明：

栏选、窗交：选择修剪对象的方式。

投影：用于在切割三维图形时确定投影模式。

边：确定剪切边与待裁剪实体是直接相交还是延伸相交。

删除：删除指定的对象。

放弃：取消最后一次剪切。

10.3.11　延伸 EXTEND

＜延伸命令＞：

1）"修改"工具栏→-/。

2）菜单栏→修改→延伸。

3）命令行：EXTEND。

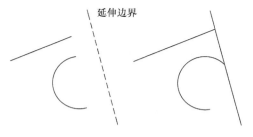

延伸边界

图 10-22　延伸直线和圆弧

＜说明＞：

1）功能：延伸实体到选定边界，如图 10-22 所示。

2）命令提示及选项。

命令：_ extend

当前设置：投影＝UCS　边＝无

选择边界的边

选择对象：选择一个对象或多个对象按＜Enter＞键

选择要延伸的对象或按住＜Shift＞键选择要修剪的对象，或［栏选（F）/窗交（C）/投影（P）/边（E）/放弃（U）］：参照剪切命令

10.3.12　打断 BREAK

＜打断命令＞：

1）"修改"工具栏→▭。

2）菜单栏→修改→打断。

3）命令行：BR 或 BREAK。

＜说明＞：

1）功能：将一个图形实体分解为两个或删除某一部分。

2）命令提示及选项。

命令：_ break

选择对象：选择某一实体

指定第二个打断点或［第一点（F）］：指定第二个打断点，这时系统将第一个打断点（选择实体时拾取点默认为第一点）与第二个打断点间的实体删除。第二点可以不在实体上。

10.3.13　合并 JOIN

＜合并命令＞：

1）"修改"工具栏→╾╈。

2）菜单栏→修改→合并。

3）命令行：JOIN。

＜说明＞：

1）功能：将对象合并成一完整的对象。

2）命令提示及选项。

命令：_ join

选择源对象或要一次合并的多个对象：选择一条直线、多段线、圆弧、椭圆弧、样条曲线

10.3.14　倒角 CHAMFER

＜倒角命令＞：

1）"修改"工具栏→◹。

2）菜单栏→修改→倒角。

3）命令行：CHA 或 CHAMFER。

＜说明＞：

1）功能：在两个不平行的直线间生成斜角，如图 10-23 所示。

2）命令提示及选项。

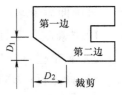
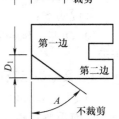

图 10-23　倒角

命令：_ chamfer

（"修剪"模式）当前倒角距离 1 = 30.0000　距离 2 = 30.0000

选择第一条直线或［放弃(U)/多段线（P）/距离（D）/角度（A）/修剪（T）/方式(E)/多个（M)］：

选择第二条直线，或按住 Shift 选择直线以应用角点或［距离（D）/角度（A）/方法(M)］：

选项说明：

多段线：对整个多段线执行倒角操作。

距离：设置倒角至选定边端点的距离。

角度：通过第一条线的倒角距离和第二条线的角度设置倒角距离。

修剪：设置是否对选择实体进行剪裁。

方法：选择距离或角度两种方式中的一种。

10.3.15　圆角 FILLET

＜圆角命令＞：

1）"修改"工具栏→。

2）菜单栏→修改→圆角。

3）命令行：F 或 FILLET。

＜说明＞：

1）功能：用圆弧连接两个实体，如图 10-24 所示。

2）命令提示及选项。

命令：_ fillet

当前设置：模式 = 修剪　半径 = 30.0000

选择第一个对象或［放弃(U)/多段线(P)/半径(R)/修剪(T)/多个(M)］：

选择第二个对象，或按住 Shift 选择对象以应用角点或［半径（R)］：

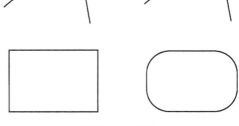

图 10-24　圆角

10.3.16　光顺曲线 BLEND

＜光顺曲线命令＞：

1）"修改"工具栏→。

2）菜单栏→修改→光顺曲线。

3）命令行：BLEND。

＜说明＞：

1）功能：在两条开放曲线的端点之间创建相切或平滑的样条曲线。

2）命令提示及选项。

命令：_ BLEND

连续性 = 相切

选择第一个对象或［连续性（CON）］：选择对象

选择第二个点：选择对象

10. 3. 17　分解 EXPLODE

＜分解命令＞：

1）"修改"工具栏→⌗。

2）菜单栏→修改→分解。

3）命令行：EXPLODE。

＜说明＞：

1）功能：将复合对象分解为其部件对象。

2）命令提示及选项。

命令：_ explode

选择对象：选择要分解的实体对象

10. 4　图层控制

本节重点介绍图层管理的基本方法，明确在使用 AutoCAD 绘制工程图样时怎样区分线型，并学会用图层管理的方法来使图形绘制过程更加清晰准确。

10. 4. 1　图层的概念

在机械图样中，一张装配图要表达清楚机器或部件的装配关系、工作原理以及主要零件的结构形状；一张零件图要表达清楚零件的结构形状、尺寸大小和技术要求，这就使得机械图样较为复杂。为了使图形绘制过程清晰准确，便于绘图和观察分析图形，在 AutoCAD 中不同线型、不同作用的图线通常绘制在不同的图层。一个图层就像一张透明图纸，在不同的透明图层上绘制各自对应的实体，这些透明图层叠加起来，就形成了最终的机械图样。

在 AutoCAD 中可以创建多个图层，并根据需要为每个图层设置相应的图层名称、线型、线宽、颜色以及图层状态等信息。熟练地应用图层可以使图形的绘制清晰准确，并能有效地提高工作效率。

图层相关操作和控制是通过"图层"工具栏来完成的，"图层"工具栏如图 10-25 所示。

图 10-25　"图层"工具栏

10. 4. 2　图层的管理

1. 图层的设置

（1）新建图层　单击图层工具栏上的"图层特性管理器"⌗按钮，可以弹出图层特性管理器对话框，如图 10-26 所示。单击新建图层按钮 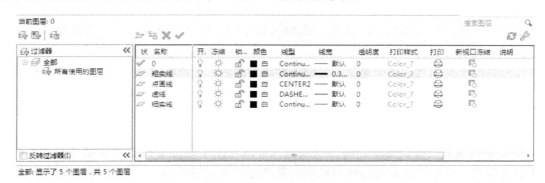 可以新建图层。通常，应直接给出一个方便识别，且容易表明这一图层所绘图线特点的图层名称，图层的名称通常使用英文缩略的样式或汉语拼音的样式。如果要更改图层名称，可以在列表区左侧"图层名称"栏中选中该图层后双击左键输入。其中，"0 层"不能被重命名。

图 10-26　图层特性管理器

（2）删除图层　在图层特性管理器对话框中，单击所要删除的图层名称来选中该图层，然后单击删除按钮，就可以删除该图层。在实际操作中，0 层、定义点层、外部引用层和当前层不能被删除。

注意：只能在图层名称栏选中图层。

（3）设置当前层　当前层是当前绘图的图层，只能在当前层上绘制图形，而且所绘制图线的属性为当前层所设定的属性。

设置当前层的常用方法如下：

1）单击"图层"工具栏上的"将对象的图层置为当前"工具按钮，然后选择某个图形实体，也可以先选中实体再单击工具按钮，就可以将该实体所在的图层设置为当前层。

2）在"图层"工具栏的图层控制下拉列表框中，单击左键展开下拉列表，点选所需图层名称即可。

2. 图层图线管理

（1）图层颜色控制　在使用 AutoCAD 绘图时，往往会给图层设置一定的颜色。设定颜色有利于绘图和读图，而且在使用绘图仪打印图样时，可以针对不同的颜色设置不同的线宽等参数，来控制打印输出时图线的粗细，得到准确的图样。

要设置图层的颜色，可以在图层特性管理器对话框中单击对应图层的颜色图标，就会弹出选择颜色对话框，在对话框中选择一种基本色，确定后该图层的颜色即改为所选颜色。

通常情况下，把不同线型的图线所在图层设为不同的颜色，以便于区分线型，可以设定粗实线层为白色，细实线层为绿色，细点画线层为黄色，虚线和细双点画线层为红色，这样就可以较容易地区分图形中的图线，便于观察图形绘制时线型是否正确。

此外，如果不使用绘图仪输出图样，而通过激光或喷墨打印机打印图样时，应当在打印前更改图层中线型的颜色。只有黑色的图层才可以打印得到清晰的图线，其他颜色的图层打印得到的图线浅而且虚。要更改图层的颜色，可以在图层特性管理器图层列表区中拖动鼠标以窗口方式选中所有图层，再单击其中一个图层的颜色图标并在对话框中改成黑色，这样所有图层的颜色就一起改为黑色了。

（2）图层线型控制　AutoCAD 为每一个图层分配一种线型，在新建图层时，系统会自动给该图层赋予一种线型，可以根据需要更改图层线型。要设置图层的线型，可以在图层特性管理器对话框中单击对应图层的线型名称，就会弹出选择线型对话框，在该对话框中选择一种线型，确定后该图层的线型即改为所选线型。

在没有更改图层线型时，已加载的线型只有连续实线（Continuous），要使用其他线型需要在选择线型对话框中单击"加载（L）"，就会弹出加载或重载线型对话框。

在对话框下面的列表区中是所定义的各种线型的名称、说明及其示例，从中选取要加载的线型并确定，就可以在选择线型对话框中加载所选线型。在机械图样绘制过程中，需要用到的主要线型为连续实线（Continuous）、细点画线（Center）、虚线（Hidden）、细双点画线（Phantom）等。

（3）图线线宽　要设置图层的图线线宽，可以在图层特性管理器对话框中单击对应图层的线宽数值，就会弹出线宽选择对话框。在该对话框中选择该图层图线对应宽度并确定，图层的线宽就改为所选数值了。

在机械图样中，通常选取粗线宽度为 0.5mm，细线宽度为 0.25mm，保证 2∶1 的比例。线宽设定完成后，在打印输出时就可以得到粗细比例恰当的图形了。在绘图界面状态栏上按下"线宽"按钮，在绘图区可以直观地显示粗细分明的图形。

注意：在 AutoCAD 中绘制图形的过程中，通常是在简单图形绘制基本完成还没有标注尺寸时，或者复杂图形绘制出一部分基本图样后，再通过图层来设置图线，使图线区分线型、分清粗细，并给不同种类的图线加上颜色以便于区分图线、观察图形。

3. 图层的转换

1）选中要转换图层的图线，在"图层"工具栏的下拉列表框中选择所需图层即可。

2）图样中已有处于正确图层中的图线，可以使用特性匹配格式刷选中示例图线，来更改要转换到该图层的图线。

4. 线型比例调整

在 AutoCAD 中按 1∶1 绘制图形的过程中，选取图层绘制细点画线、虚线、双点画线等有间距的线型时，有时在屏幕上看起来仍是实线，必须用局部放大显示，才能确定真正的线型。这时，可以通过线型比例调整来改变线型的显示。

在 AutoCAD 中，若想更改实体的线型比例，可以在实体上双击左键打开"属性"工具栏，在"属性"工具栏的线型栏中输入新的比例数值，就可以单独修改该图线的线型比例了。这一方法适用于总体线型比例适当，但部分图线不能正确显示的时候。例如，多数细点画线的中心线和轴线显示正确，但有几条细点画线由于图线较短而无法正确显示，这时，应把它们的线型比例改小些。

更改时，可以先选中要修改的图线再打开"属性"工具栏来修改，也可以先打开"属性"工具栏再选中要修改的图线来修改。要查看更改后图线比例是否恰当，可以用 < Esc > 键退出选中状态，就可以看清楚了。

此外，图样中部分图线比例已修改，还有图线要修改成相同的比例，可以使用属性格式刷来更改这些图线的比例。

5．图层状态管理

AutoCAD 提供了一组状态开关，用以控制图层相关状态属性。

（1）打开/关闭　可以通过该选项控制按钮来控制是否打开某个图层。当关闭某一图层后，该图层上的实体不能在屏幕上显示或者由绘图仪输出。

在复杂图形绘制过程中，可以通过该控制选项来观察图形，如可以关闭尺寸标注的对应图层来查看图形表达是否正确。

（2）冻结/解冻　可以通过该选项控制按钮来控制是否冻结某个图层。当冻结某一图层后，该图层上的实体不能在屏幕上显示也不能进行其他编辑操作，而且该图层不能使用，当前层不能冻结。

（3）锁定/解锁　可以通过该选项控制按钮控制是否锁定某个图层。当锁定某一图层后，该图层上的实体仍在屏幕上显示但不能进行其他编辑操作，当前层不能锁定。

在复杂图形绘制过程中，可以通过该控制选项来控制图形编辑过程，如可以锁定一些图层，这时就可以方便选中未锁定图层中的实体并进行相关编辑操作。

设置这些选项状态可以采用以下两种方法：

1）单击"图层"工具栏中下拉列表框上的选项控制状态按钮。

2）在图层特性管理对话框中，选择要操作的图层，单击选项控制状态按钮并确定。

10.5　尺寸标注

一个完整的尺寸标注由尺寸界线、尺寸线、尺寸箭头和尺寸文本这四部分组成，通常 AutoCAD 提供一种半自动化的尺寸标注功能。被标注对象不同所采用的命令也不同，常用的尺寸标注命令如图 10-27 所示。

图 10-27　"标注"工具栏

10.5.1　线性标注

<线性标注命令>：

1）"标注"工具栏→⊢⊣。

2）菜单栏→标注→线性。

3）命令行：DIMILINEAR。

<说明>：

1）功能：线性标注是一种水平或垂直方向的线性尺寸标注。其尺寸界线为垂直线或水平线且垂直于尺寸线，如图 10-28 所示。

2）命令提示及选项。

命令：_ dimlinear

指定第一个尺寸界线原点或<选择对象>：选中图 10-28a 中点 *A*

指定第二条尺寸界线原点：选中图 10-28a 中点 *B*

如果上一提示是按 < Enter > 键，则本提示为选择标注对象：此时选中 *AB* 线段

指定尺寸界线原点或要标注的对象后，将显示下面的提示：

指定尺寸线位置或［多行文字（M）/文字（T）/角度（A）/水平（H）/垂直（V）/旋转（R）］：指定尺寸线位置

AutoCAD 会根据鼠标所制定的位置决定用水平尺寸标注还是垂直尺寸标注。

选项说明。

多行文字：显示多行文字编辑器，可用它来编辑标注的文字。

文字：在命令行自定义标注文字，如图 10-28b （直径 "ϕ" 为%%c，度数 "°" 为%%d）。

角度：改变尺寸文本的角度，如图 10-28c。

水平：创建水平线性标注，如图 10-28a 中尺寸 80。

垂直：创建垂直线性标注，如图 10-28a 中尺寸 50。

旋转：创建旋转线性标注，如图 10-28d。

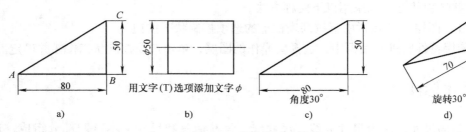

用文字(T)选项添加文字 ϕ　　　　　角度30°　　　　　旋转30°

a)　　　　　　　b)　　　　　　　c)　　　　　　　d)

图 10-28　线性尺寸标注

10.5.2　对齐标注

< 对齐标注命令 >：

1）"标注" 工具栏→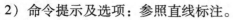。

2）菜单栏→标注→对齐。

3）命令行：Dimordinate。

< 说明 >：

1）功能：对齐标注也是一种线性标注，其尺寸线的倾斜角与通过尺寸界线两个端点所绘制直线的倾斜角相同，如图 10-29 所示。

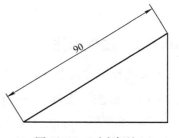

图 10-29　对齐标注

2）命令提示及选项：参照直线标注。

10.5.3　半径/折弯/直径标注

< 半径/折弯/直径标注命令 >：

1）"标注" 工具栏→🕐/🔧/◎。

2）菜单栏→标注→半径/弯折/直径。

3）命令行：DIMRADIUS/DIMJOGGED/DIMDIAMETER。

＜说明＞：

1）功能：半径标注用于标注一个圆弧的半径尺寸；折弯标注用于标注大尺寸半径；直径标注用于标注一个圆的直径尺寸。如图 10-30 所示。

2）命令提示及选项。

选择圆或圆弧：

指定尺寸线位置或［多行文字（M）/文字（T）/角度（A）］：指定点或输入选项

拖动鼠标拾取一个合适位置确定尺寸线的位置，AutoCAD 会自动在数值前加半径符号"R"或直径符号"φ"

折弯标注时选择圆或圆弧后提示：

指定图示中心位置：指定点

接受折弯半径标注的新中心点，以用于替代圆弧或圆的实际中心点

指定尺寸线位置或［多行文字（M）/文字（T）/角度（A）］：指定点或输入选项

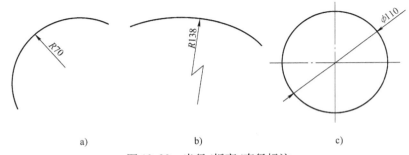

a)　　　　　　　　b)　　　　　　　　c)

图 10-30　半径/折弯/直径标注
a）半径标注　b）折弯标注　c）直径标注

10.5.4　基线/连续标注

＜基线/连续标注命令＞：

1）"标注"工具栏→。

2）菜单栏→标注→基线/连续。

3）命令行：DIMBASELINE/DIMCONTINUE。

＜说明＞：

功能：基线标注是指根据一条基线绘制的一系列尺寸。其中每个尺寸均比前一个尺寸增大一个数值，系列尺寸中第一个应是长度型或角度型。尺寸线之间隔由尺寸变量控制。

连续标注是从某个尺寸标注的第二条尺寸界线连续绘制的尺寸标注，如图 10-31 所示。

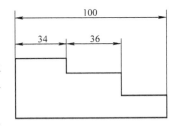

图 10-31　基线/连续标注

10.5.5　角度标注

＜角度标注命令＞：

1）"标注"工具栏→。

2）菜单栏→标注→角度。

3）命令行：DIMANGULAR。

＜说明＞：

角度标注用于标注角度的尺寸。其尺寸线被标注的角度内成
弧线。选择被测对象是圆弧时，AutoCAD 会自动确定用做尺寸界
线的端点；如果选择对象是直线，则被认为是角度的一条边，再
选择第二条边，如图 10-32 所示。

图 10-32　角度标注

10.5.6　尺寸标注样式

在"标注"工具栏上单击"标注样式管理器"按钮，打开图 10-33 所示的标注样式管
理器对话框。

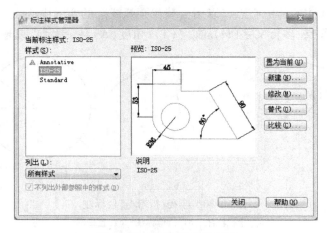

图 10-33　标注样式管理器

一般情况下，使用默认标注样式并对其进行修改就可以标注出绝大多数正确的尺寸，所
以这里着重介绍默认标注样式编辑修改的方法和需要设定的内容。

在标注样式管理器对话框中，单击"修改"按钮就会弹出标注样式修改对话框，下面
以图样尺寸标注过程中，需要按照图形绘制标准进行修改的选项和设定的参数为例来做
介绍。

注意：设定的参数数值是按照所绘制图样以 1∶1 的比例关系输出的要求给出的，如果输
出时要放大或缩小图样，则需要按相反比例缩小或放大设定的参数值。

（1）"线"选项卡　"线"选项卡用于设置尺寸线和尺寸界线的格式与属性，如图 10-
34 所示。"尺寸线"选项组用于设置尺寸线的样式，"尺寸界线"选项组用于设置尺寸界线
的样式，在预览窗口可根据当前的样式设置显示出对应的标注效果。

（2）"符号和箭头"选项卡　"符号和箭头"选项卡用于设置尺寸箭头、圆心标记、
弧长符号以及半径标注折弯方面的格式，如图 10-35 所示。

"箭头"选项组用于确定尺寸线两端的箭头样式；"圆心标记"选项组用于确定当对圆
或圆弧执行标注圆心标记操作时，圆心标记的类型与大小；"折断标注"选项用于确定在尺
寸线或尺寸界线与其他线重叠处打断尺寸线或尺寸界线时的尺寸；"弧长符号"选项组用于
为圆弧标注长度尺寸时的设置；"半径折弯标注"选项设置通常用于标注尺寸的圆弧的中心

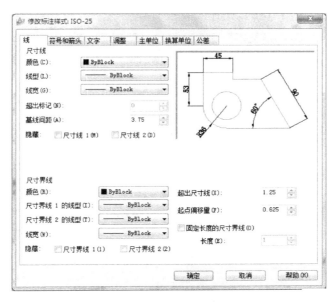

图 10-34　"线"选项卡

点位于较远位置时；"线性折弯标注"选项用于线性折弯标注设置。

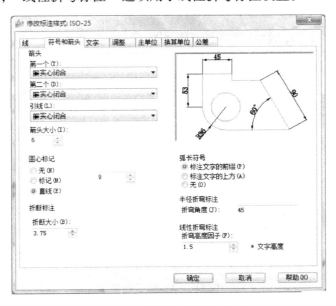

图 10-35　"符号和箭头"选项卡

（3）"文字"选项卡　　"文字"选项卡用于设置尺寸文字的外观，位置以及对齐方式等，如图 10-36 所示。

"文字外观"选项组用于设置尺寸文字的样式；"文字位置"选项组用于设置尺寸文字的位置；"文字对齐"选项组用于确定尺寸文字的对齐方式。

（4）"调整"选项卡　　"调整"选项卡用于控制尺寸文字、尺寸线以及尺寸箭头等的位置和其他一些特征，如图 10-37 所示。

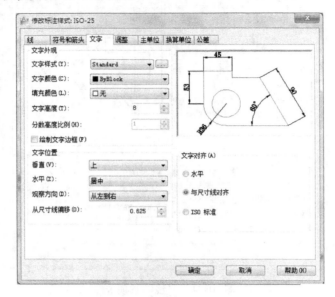

图 10-36　"文字"选项卡

图 10-37　"调整"选项卡

"调整选项"选项组用于确定当尺寸界线之间没有足够的空间同时放置尺寸文字和箭头时，应首先从尺寸界线之间移出尺寸文字和箭头的哪一部分，用户可通过该选项组中的各单选按钮进行选择；"文字位置"选项组用于确定当尺寸文字不在默认位置时，应将其放在何处；"标注特征比例"选项组指定标注为注释性，单击信息图标以了解有关注释对象的详细信息；"优化"选项组用于设置标注尺寸时是否进行附加调整。

（5）"主单位"选项卡　"主单位"选项卡用于设置主单位的格式、精度以及尺寸文字的前缀和后缀，如图 10-38 所示。

"线性标注"选项组用于设置线性标注的格式与精度；"角度标注"选项组用于确定标注角度尺寸时的单位、精度以及是否消零。

（6）"换算单位"选项卡　"换算单位"选项卡用于确定是否使用换算单位以及换算单位的格式，如图 10-39 所示。

"显示换算单位"复选框用于确定是否在标注的尺寸中显示换算单位；"换算单位"选项组用于确定换算单位的单位格式、精度等设置；"消零"选项组确定是否消除换算单位的前导或后续零；"位置"选项组则用于确定换算单位的位置，用户可在"主值后"与"主值下"之间选择。

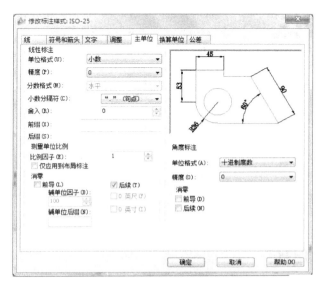

图 10-38　"主单位"选项卡

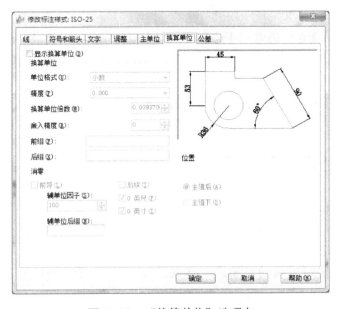

图 10-39　"换算单位"选项卡

（7）"公差"选项卡　"公差"选项卡用于确定是否标注公差，如图 10-40 所示。

"公差格式"选项组用于确定公差的标注格式；"换算单位公差"选项组用于确定当标注换算单位时换算单位公差的精度与是否消零。

图 10-40　"公差"选项卡

10.6　图块及其属性

10.6.1　图块的基本概念

块是图形对象的集合，通常用于绘制复杂、重复的图形。一旦将一组对象组合成块，就可以根据绘图需要将其插入到图中的任意指定位置上，而且还可以按不同的比例和角度插入。

块的特点：提高绘图速度，节省存储空间，便于修改图形，加入属性。

10.6.2　定义块

将选定的对象定义成块。命令：BLOCK。单击"绘图"工具栏中的"块"选项下拉菜单中的"创建（M）"命令如图 10-41 所示，弹出"块定义"对话框如图 10-42 所示。

"名称"文本框用于确定块的名称；"基点"选项组用于确定块的插入基点位置；"对象"选项组用于确定组成块的对象；"方式"选项组用于指定块为注释性，指定是否阻止块

图 10-41　"块"选项

参照不按统一比例缩放，指定块参照是否可以分解；"设置"选项组用于进行相应的设置，

通过定义块对话框完成相对应的设置后，单击确定按钮即可完成块的创建。

图 10-42　"块定义"对话框

10.6.3　定义外部块

将块以单独的文件保存。命令：WBLOCK。将弹出"写块"对话框，如图 10-43 所示。

图 10-43　"写块"对话框

"源"选项组用于确定组成块的对象来源；"基点"选项组用于确定块的插入基点位置；"对象"选项组用于确定组成块的对象。

用"WBLOCK"命令创建块后，该块以 . DWG 格式保存，即以 AutoCAD 图形文件格式保存。

10.6.4　插入块

在当前图形插入块或图形。命令：INSERT。或单击"插入"中"块"命令弹出"插入"对话框，如图 10-44 所示。

"名称"下拉列表框用于确定要插入块或图形的名称；"插入点"选项组用于确定块在图形中的插入位置；"比例"选项组用于确定块的插入比例；"旋转"选项组用于确定块插入时的旋转角度；"块单位"文本框显示有关块单位的信息。

通过"插入"对话框设置了要插入的块以及插入参数后，单击"确定"按钮，即可将块插入到当前图形。

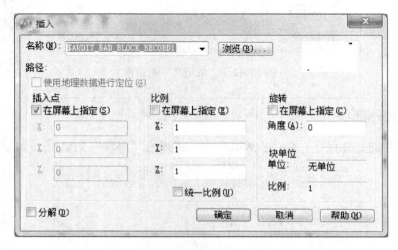

图 10-44　"插入"对话框

10.6.5　编辑块

在块编辑器中打开块定义，以对其进行修改。命令：BEDIT。或单击"标准"工具栏中的 按钮，弹出"编辑块定义"对话框如图 10-45 所示。

从对话框左侧的列表中选择要编辑的块，然后单击"确定"按钮，AutoCAD 进入块编辑模式，如图10-46所示。此时显示出要编辑的块，用户可直接对其进行编辑。编辑块后，单击对应工具栏上的"关闭块编辑器"按钮。则对当前图形中插入的对应块均自动进行对应的修改。

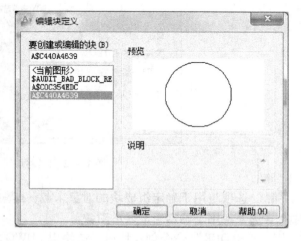

图 10-45　"编辑块定义"对话框

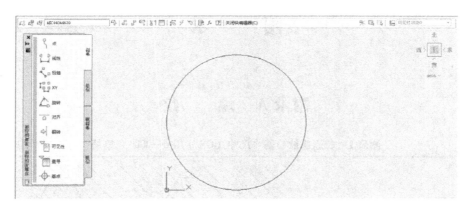

图 10-46　块编辑器

附　　录

附录A　螺　　纹

附表1　普通螺纹　基本尺寸（GB/T 196—2003）摘编　　　　　（单位：mm）

标记示例

公称直径16mm，螺距1.5mm，右旋普通
细牙螺纹：

M16×1.5

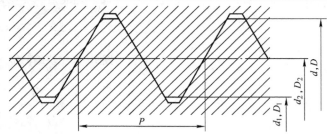

公称直径 D、d	螺距 P	小径 D_1、d_1	公称直径 D、d	螺距 P	小径 D_1、d_1	公称直径 D、d	螺距 P	小径 D_1、d_1
3	0.5 0.35	2.459 2.621	8	1.25 1 0.75	6.647 6.917 7.188	17	1.5 1	15.376 15.917
3.5	0.6 0.35	2.850 3.121	9	1.25 1 0.75	7.647 7.917 8.188	18	2.5 2 1.5 1	15.294 15.835 16.376 16.917
4	0.7 0.5	3.242 3.459	10	1.5 1.25 1 0.75	8.376 8.647 8.917 9.188	20	2.5 2 1.5 1	17.294 17.835 18.376 18.917
4.5	0.75 0.5	3.686 3.959	11	1.5 1 0.75	9.376 9.917 10.188	22	2.5 2 1.5 1	19.294 19.835 20.376 20.917
5	0.8 0.5	4.134 4.459	12	1.75 1.5 1.25 1	10.106 10.376 10.647 10.917	24	3 2 1.5 1	20.752 21.835 22.376 22.917
5.5	0.5	4.959	14	2 1.5 1.25 1	11.835 12.376 12.647 12.917	25	2 1.5 1	22.835 23.376 23.917
6	1 0.75	4.917 5.188	15	1.5 1	13.376 13.917	26	1.5	24.376
7	1 0.75	5.917 6.188	16	2 1.5 1	13.835 14.376 14.917	27	3 2 1.5 1	23.752 24.835 25.376 25.917

附表2　梯形螺纹基本尺寸（GB/T 5796.3—2005）摘编　　　（单位：mm）

标记示例

公称直径36mm，导程12mm，螺距为6mm的双线左旋梯形螺纹：

Tr36×12（P6）LH

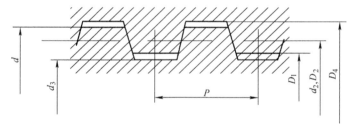

公称直径		螺距 P	中径 $d_2 = D_2$	大径 D_4	小径		公称直径		螺距 P	中径 $d_2 = D_2$	大径 D_4	小径	
第一系列	第二系列				d_3	D_1	第一系列	第二系列				d_3	D_1
8		1.5	7.25	8.3	6.2	6.5		26	3	24.5	26.5	22.5	23
	9	1.5	8.25	9.3	7.2	7.5			5	23.5	26.5	20.5	21
		2	8	9.5	6.5	7			8	22	27	17	18
10		1.5	9.25	10.3	8.2	8.5	28		3	26.5	28.5	24.5	25
		2	9	10.5	7.5	8			5	25.5	28.5	22.5	23
	11	2	10	11.5	8.5	9			8	24	29	19	20
		3	9.5	11.5	7.5	8		30	3	28.5	30.5	26.5	27
12		2	11	12.5	9.5	10			6	27	31	23	24
		3	10.5	12.5	8.5	9			10	25	31	19	20
	14	2	13	14.5	11.5	12	32		3	30.5	32.5	28.5	29
		3	12.5	14.5	10.5	11			6	29	33	25	26
16		2	15	16.5	13.5	14			10	27	33	21	22
		4	14	16.5	11.5	12		34	3	32.5	34.5	30.5	31
	18	2	17	18.5	15.5	16			6	31	35	27	28
		4	16	18.5	13.5	14			10	29	35	23	24
20		2	19	20.5	17.5	18	36		3	34.5	36.5	32.5	33
		4	18	20.5	15.5	16			6	33	37	29	30
	22	3	20.5	22.5	18.5	19			10	31	37	25	26
		5	19.5	22.5	16.5	17		38	3	36.5	38.5	34.5	35
		8	18	23	13	14			7	34.5	39	30	31
24		3	22.5	24.5	20.5	21			10	33	39	27	28
		5	21.5	24.5	18.5	19	40		3	38.5	40.5	36.5	37
		8	20	25	15	16			7	36.5	41	32	33
									10	35	41	29	30

附表3　55°密封管螺纹（GB/T 7306.1—2000）摘编　　　　（单位：mm）

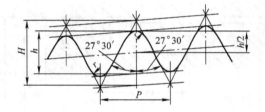

圆锥螺纹基本牙型

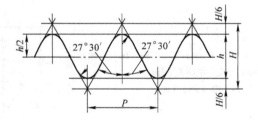

圆柱内螺纹基本牙型

标记示例

$1\frac{1}{2}$圆锥内螺纹：Rc1$\frac{1}{2}$

$1\frac{1}{2}$圆柱内螺纹：Rp1$\frac{1}{2}$

$1\frac{1}{2}$圆锥外螺纹左旋：$R_2$1$\frac{1}{2}$ –LH

圆锥内螺纹与圆锥外螺纹的配合：RcR$_2$1$\frac{1}{2}$

圆柱内螺纹与圆锥外螺纹的配合：RpR$_1$1$\frac{1}{2}$

尺寸代号	每25.4mm 内的牙数 n/牙	螺距 P	牙高 h	基准面上的基本尺寸			基准距离	有效螺纹 长度
				大径 $d=D$	中径 $d_2=D_2$	小径 $d_1=D_1$		
$\frac{1}{16}$	28	0.907	0.581	7.723	7.142	6.561	4.0	6.5
$\frac{1}{8}$	28	0.907	0.581	9.728	9.147	8.566	4.0	6.5
$\frac{1}{4}$	19	1.337	0.856	13.157	12.301	11.445	6.0	9.7
$\frac{3}{8}$	19	1.337	0.856	16.662	15.806	14.950	6.4	10.1
$\frac{1}{2}$	14	1.814	1.162	20.955	19.793	18.631	8.2	13.2
$\frac{3}{4}$	14	1.814	1.162	26.441	25.279	24.117	9.5	14.5
1	11	2.309	1.479	33.249	31.770	30.291	10.4	16.8
$1\frac{1}{4}$	11	2.309	1.479	41.910	40.431	38.952	12.7	19.1
$1\frac{1}{2}$	11	2.309	1.479	47.803	46.324	44.845	12.7	19.1
2	11	2.309	1.479	59.614	58.135	56.656	15.9	23.4
$2\frac{1}{2}$	11	2.309	1.479	75.184	73.705	72.226	17.5	26.7
3	11	2.309	1.479	87.884	86.405	84.926	20.6	29.8
4	11	2.309	1.479	113.030	111.551	110.072	25.4	35.8
5	11	2.309	1.479	138.430	136.951	135.472	28.6	40.1
6	11	2.309	1.479	163.830	162.351	160.872	28.6	40.1

附表4　55°非密封管螺纹（GB/T 7307—2001）摘编　　　　（单位：mm）

标记示例

尺寸代号 $1\frac{1}{2}$ 内螺纹：G $1\frac{1}{2}$

尺寸代号 $1\frac{1}{2}$ A级外螺纹：G $\frac{1}{2}$ A

尺寸代号 $1\frac{1}{2}$ B级左旋外螺纹：G $1\frac{1}{2}$ B

－LH

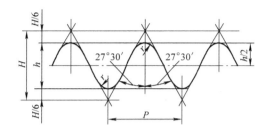

尺寸代号	每25.4mm 内的牙数 n/牙	螺距 P	牙高 h	圆弧半径 r	基本尺寸		
					大径 $d=D$	中径 $d_2=D_2$	小径 $d_1=D_1$
$\frac{1}{16}$	28	0.907	0.581	0.125	7.723	7.142	6.561
$\frac{1}{8}$	28	0.907	0.581	0.125	9.728	9.147	8.566
$\frac{1}{4}$	19	1.337	0.856	0.184	13.157	12.301	11.445
$\frac{3}{8}$	19	1.337	0.856	0.184	16.662	15.806	14.950
$\frac{1}{2}$	14	1.814	1.162	0.249	20.955	19.793	18.631
$\frac{5}{8}$	14	1.814	1.162	0.249	22.911	21.749	20.587
$\frac{3}{4}$	14	1.814	1.162	0.249	26.441	25.279	24.117
$\frac{7}{8}$	14	1.814	1.162	0.249	30.201	29.039	27.877
1	11	2.309	1.479	0.317	33.249	31.770	30.291
$1\frac{1}{8}$	11	2.309	1.479	0.317	37.897	36.418	34.939
$1\frac{1}{4}$	11	2.309	1.479	0.317	41.910	40.431	38.952
$1\frac{1}{2}$	11	2.309	1.479	0.317	47.803	46.324	44.845
$1\frac{3}{4}$	11	2.309	1.479	0.317	53.746	52.267	50.788
2	11	2.309	1.479	0.317	59.614	58.135	56.656
$2\frac{1}{4}$	11	2.309	1.479	0.317	65.710	64.231	62.752
$2\frac{1}{2}$	11	2.309	1.479	0.317	75.184	73.705	72.226
$2\frac{3}{4}$	11	2.309	1.479	0.317	81.534	80.055	78.576
3	11	2.309	1.479	0.317	87.884	86.405	84.926
$3\frac{1}{2}$	11	2.309	1.479	0.317	100.330	98.851	97.372
4	11	2.309	1.479	0.317	113.030	111.551	110.072
$4\frac{1}{2}$	11	2.309	1.479	0.317	125.730	124.251	122.772
5	11	2.309	1.479	0.317	138.430	136.951	135.472
$5\frac{1}{2}$	11	2.309	1.479	0.317	151.130	149.651	148.172
6	11	2.309	1.479	0.317	163.830	162.351	160.872

附表5　普通螺纹收尾、肩距、退刀槽和倒角（GB/T 3—1997）摘编（单位：mm）

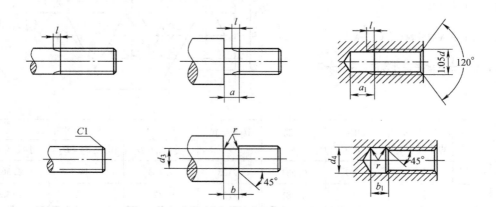

螺距 P	外螺纹									倒角 C	内螺纹						
	粗牙螺纹大径 Dd	螺纹收尾 l（不大于）		肩距 a（不大于）			退刀槽				螺纹收尾 l（不大于）		肩距 a_1（不大于）		退刀槽		
		一般	短的	一般	长的	短的	b	r≈	d_3		一般	短的	一般	长的	b_1	r≈	d_4
0.5	3	1.25	0.7	1.5	2	1	1.5	0.2	$d-0.8$	0.5	2	1	3	4	2	0.2	
0.6	3.5	1.5	0.75	1.8	2.4	1.2	1.8	0.4	$d-1$		2.4	1.2	3.2	4.8	2.4	0.3	
0.7	4	1.75	0.9	2.1	2.8	1.4	2.1	0.4	$d-1.1$	0.6	2.8	1.4	3.5	5.6	2.8	0.4	$d+0.3$
0.75	4.5	1.9	1	2.25	3	1.5	2.25	0.4	$d-1.2$		3	1.5	3.8	6	3	0.4	
0.8	5	2	1	2.4	3.2	1.6	2.4	0.4	$d-1.3$	0.8	3.2	1.6	4	6.4	3.2	0.4	
1	6, 7	2.5	1.25	3	4	2	3	0.6	$d-1.6$	1	4	2	5	8	4	0.5	
1.25	8	3.2	1.6	4	5	2.5	3.75	0.6	$d-2$	1.2	5	2.5	6	10	5	0.6	
1.5	10	3.8	1.9	4.5	6	3	4.5	0.8	$d-2.3$	1.5	6	3	7	12	6	0.8	
1.75	12	4.3	2.2	5.3	7	3.5	5.25	1	$d-2.6$		7	3.5	9	14	7	0.9	
2	14, 16	5	2.5	6	8	4	6	1	$d-3$	2	8	4	10	16	8	1	
2.5	18, 20, 22	6.3	3.2	7.5	10	5	7.5	1.2	$d-3.6$	2.5	10	5	12	18	10	1.2	
3	24, 27	7.5	3.8	9	12	6	9	1.6	$d-4.4$		12	6	14	22	12	1.5	$d+0.5$
3.5	30, 33	9	4.5	10.5	14	7	10	1.6	$d-5$	3	14	7	16	24	14	1.8	
4	36, 39	10	5	12	16	8	12	2	$d-5.7$		16	8	18	26	16	2	
4.5	42, 45	11	5.5	13.5	18	9	13.5	2.5	$d-6.4$	4	18	9	21	29	18	2.2	
5	48, 52	12.5	6.3	15	20	10	15	2.5	$d-7$		20	10	23	32	20	2.5	
5.5	56, 60	14	7	16.5	22	11	17.5	3.2	$d-7.7$	5	22	11	25	35	22	2.8	
6	64, 68	15	7.5	18	24	12	18	3.2	$d-8.3$		24	12	28	38	24	3	

附录 B　螺纹紧固件

附表 6　六角头螺栓（GB/T 5782—2000）、六角头螺栓全螺纹（GB/T 5783—2000）摘编

（单位：mm）

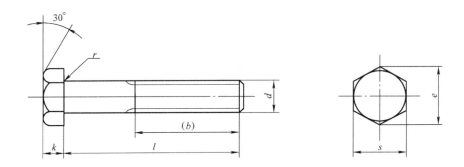

标记示例

螺纹规格 d = M12、公称长度 l = 80mm、性能等级为 8.8 级、表面氧化、A 级的六角头螺栓：

螺栓 GB/T 5782　　M12 × 80

螺纹规格 d		M3	M4	M5	M6	M8	M10	M12	M16	M20	M24	M30	M36
s		5.5	7	8	10	13	16	18	24	30	36	46	55
k		2	2.8	3.5	4	5.3	6.4	7.5	10	12.5	15	18.7	22.5
r		0.1	0.2	0.2	0.25	0.4	0.4	0.6	0.6	0.8	0.8	1	1
e	A	6.01	7.66	8.79	11.05	14.38	17.77	20.03	26.75	33.53	39.98	—	—
	B	5.88	7.50	8.63	10.89	14.20	17.59	19.85	26.17	32.95	39.55	50.85	60.79
(b) GB/T 5782	$l \leqslant 125$	12	14	16	18	22	26	30	38	46	54	66	—
	$125 < l \leqslant 200$	18	20	22	24	28	32	36	44	52	60	72	84
	$l > 200$	31	33	35	37	41	45	49	57	65	73	85	97
l 范围 （GB/T 5782）		20 ~ 30	25 ~ 40	25 ~ 50	30 ~ 60	40 ~ 80	45 ~ 100	50 ~ 120	65 ~ 160	80 ~ 200	90 ~ 240	110 ~ 300	140 ~ 360
l 范围 （GB/T 5782）		6 ~ 30	8 ~ 40	10 ~ 50	12 ~ 60	16 ~ 80	20 ~ 100	25 ~ 120	30 ~ 150	40 ~ 150	50 ~ 150	60 ~ 200	70 ~ 200
l 系列		6, 8, 10, 12, 16, 20, 25, 30, 35, 40, 45, 50, 55, 60, 65, 70, 80, 90, 100, 110, 120, 130, 140, 150, 160, 180, 200, 220, 240, 260, 280, 300, 320, 340, 360, 380, 400, 420, 440, 460, 480, 500											

附表 7　双头螺柱 ［$b_m = 1d$（GB/T 897—1988）、$b_m = 1.25d$（GB/T 898—1988）、$b_m = 1.5d$（GB/T 899—1988）、$b_m = 2d$（GB/T 900—1988）］摘编　　　　（单位：mm）

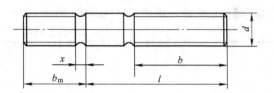 

标记示例

　　两端均为粗牙普通螺纹、螺纹规格：$d = $M10、公称长度 $l = 50$mm、性能等级为 4.8 级、不经表面处理、$b_m = 1d$、B 型的双头螺柱：

　　螺柱 GB/T 897　M10 × 50

螺纹规格 d	b_m				l/b
	GB/T 897—1988	GB/T 898—1988	GB/T 899—1988	GB/T 900—1988	
M5	5	6	8	10	$\dfrac{16 \sim 20}{10}$　$\dfrac{25 \sim 50}{16}$
M6	6	8	10	12	$\dfrac{20}{10}$　$\dfrac{25 \sim 30}{14}$　$\dfrac{35 \sim 70}{18}$
M8	8	10	12	16	$\dfrac{20}{12}$　$\dfrac{25 \sim 30}{16}$　$\dfrac{35 \sim 90}{22}$
M10	10	12	15	20	$\dfrac{25}{14}$　$\dfrac{30 \sim 35}{16}$　$\dfrac{40 \sim 120}{26}$　$\dfrac{130}{32}$
M12	12	15	18	24	$\dfrac{25 \sim 30}{16}$　$\dfrac{35 \sim 40}{20}$　$\dfrac{45 \sim 120}{30}$　$\dfrac{130 \sim 200}{36}$
M16	16	20	24	32	$\dfrac{30 \sim 35}{20}$　$\dfrac{40 \sim 55}{30}$　$\dfrac{60 \sim 120}{38}$　$\dfrac{130 \sim 200}{44}$
M20	20	25	30	40	$\dfrac{35 \sim 40}{25}$　$\dfrac{45 \sim 60}{35}$　$\dfrac{70 \sim 120}{46}$　$\dfrac{130 \sim 200}{52}$
M24	24	30	36	48	$\dfrac{45 \sim 50}{30}$　$\dfrac{60 \sim 75}{45}$　$\dfrac{80 \sim 120}{54}$　$\dfrac{130 \sim 200}{60}$
M30	30	38	45	60	$\dfrac{60 \sim 65}{40}$　$\dfrac{70 \sim 90}{50}$　$\dfrac{95 \sim 120}{66}$　$\dfrac{130 \sim 200}{70}$　$\dfrac{210 \sim 250}{85}$
M36	36	45	54	72	$\dfrac{65 \sim 75}{45}$　$\dfrac{80 \sim 110}{60}$　$\dfrac{120}{78}$　$\dfrac{130 \sim 200}{84}$　$\dfrac{210 \sim 300}{97}$
l 系列	16,（18），20,（22），25,（28），30,（32），35,（38），40,45,50,（55），60,（65），70,（75），80,（85），90,（95），100,110,120,130,140,150,160,170,180,190,200,210,220,230,240,250,260,280,300				

附表 8　开槽圆柱头螺钉（GB/T 65—2000）、开槽沉头螺钉（GB/T 68—2000）、
　　　　开槽盘头螺钉（GB/T 67—2008）摘编　　　　　　　　　　（单位：mm）

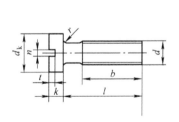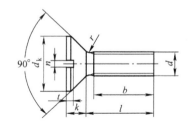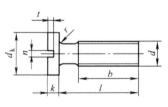

标记示例

螺纹规格 d = M5、公称长度 l = 20mm、性能等级为 4.8 级、不经表面处理的开槽圆柱头螺钉：

螺钉 GB/T 65　M5 × 20

螺纹规格 d		M1.6	M2	M2.5	M3	M4	M5	M6	M8	M10
GB/T 65—2000	d_k	3	3.8	4.5	5.5	7	8.5	10	13	16
	k	1.1	1.4	1.8	2.0	2.6	3.3	3.9	5	6
	t_{min}	0.45	0.6	0.7	0.85	1.1	1.3	1.6	2	2.4
	r_{min}	0.1	0.1	0.1	0.1	0.2	0.2	0.25	0.4	0.4
	l					5 ~ 40	6 ~ 50	8 ~ 60	10 ~ 80	12 ~ 80
	全螺纹时最大长度					40	40	40	40	40
GB/T 67—2008	d_k	3.2	4	5	5.6	8	9.5	12	16	20
	k	1	1.3	1.5	1.8	2.4	3	3.6	4.8	6
	t_{min}	0.35	0.5	0.6	0.7	1	1.2	1.4	1.9	2.4
	r_{min}	0.1	0.1	0.1	0.1	0.2	0.2	0.25	0.4	0.4
	l	2 ~ 16	2.5 ~ 20	3 ~ 25	4 ~ 30	5 ~ 40	6 ~ 50	8 ~ 60	10 ~ 80	12 ~ 80
	全螺纹时最大长度	30	30	30	30	40	40	40	40	40
GB/T 68—2000	d_k	3	3.8	4.7	5.5	8.4	9.3	11.3	15.8	18.3
	k	1	1.2	1.5	1.65	2.7	2.7	3.3	4.65	5
	t_{min}	0.32	0.4	0.5	0.6	1	1.1	1.2	1.8	2
	r_{max}	0.4	0.5	0.6	0.8	1	1.3	1.5	2	2.5
	l	2.5 ~ 16	3 ~ 20	4 ~ 25	5 ~ 30	5 ~ 40	8 ~ 50	8 ~ 60	10 ~ 80	12 ~ 80
	全螺纹时最大长度	30	30	30	30	45	45	45	45	45
n		0.4	0.5	0.6	0.8	1.2	1.2	1.6	2	2.5
b		25				38				
l 系列		2, 2.5, 3, 4, 5, 6, 8, 10, 12,（14），16, 20, 25, 30, 35, 40, 45, 50,（55），60,（65），70,（75），80								

附表 9　内六角圆柱头螺钉（GB/T 70.1—2008）摘编　　　　（单位：mm）

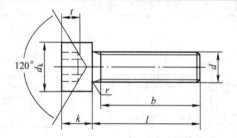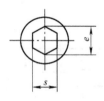

标记示例

螺纹规格 d = M5、公称长度 l = 20mm、性能等级为 8.8 级、表面氧化的内六角圆柱头螺钉：

螺钉 GB/T 70.1　M5 × 20

螺纹规格 d	M2.5	M3	M4	M5	M6	M8	M10	M12	M16	M20	M24	M30	M36
d_{kmax}	4.5	5.5	7	8.5	10	13	16	18	24	30	36	45	54
k_{max}	2.5	3	4	5	6	8	10	12	16	20	24	30	36
t_{min}	1.1	1.3	2	2.5	3	4	5	6	8	10	12	15.5	19
r	0.1		0.2		0.25		0.4		0.6		0.8		1
s	2	2.5	3	4	5	6	8	10	14	17	19	22	27
e	2.303	2.873	3.443	4.583	5.723	6.863	9.149	11.429	15.996	19.437	21.734	25.154	30.854
b（参考）	17	18	20	22	24	28	32	36	44	52	60	72	84
l 系列	2.5，3，4，5，6，8，10，12，16，20，25，30，35，40，45，50，55，60，65，70，80，90， 100，110，120，130，140，150，160，180，200												

附表 10　开槽紧定螺钉　锥端（GB/T 71—1985）、平端（GB/T 73—1985）、长圆柱端（GB/T 75—1985）摘编

（单位：mm）

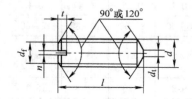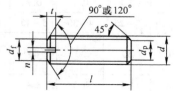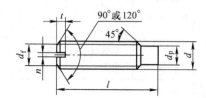

标记示例

螺纹规格 d = M5、公称长度 l = 20mm、性能等级为 14H 级、表面氧化的开槽锥端紧定螺钉：

螺钉 GB/T 71　M5 × 20

螺纹规格 d	M2	M2.5	M3	M5	M6	M8	M10	M12
d_f	螺纹小径							
d_t	0.2	0.25	0.3	0.5	1.5	2	2.5	3
d_p	1	1.5	2	3.5	4	5.5	7	8.5
n	0.25	0.4	0.4	0.8	1	1.2	1.6	2
t	0.84	0.95	1.05	1.63	2	2.5	3	3.6
l 系列	2，2.5，3，4，5，6，8，10，12，（14），16，20，25，30，35，40，45，50，（55），60							

附表 11　六角螺母　C 级（GB/T 41—2000）、1 型六角螺母（GB/T 6170—2000）、六角薄螺母（GB/T 6172.1—2000）摘编　（单位：mm）

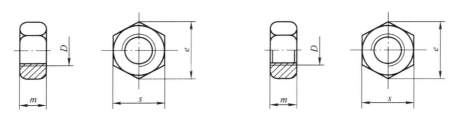

标记示例

螺纹规格 D = M12、性能等级为 5 级、不经表面处理、C 级的 1 型六角螺母：

螺母 GB/T 41　M12

螺纹规格 D		M3	M4	M5	M6	M8	M10	M12	M16	M20	M24	M30	M36	M42	M48
e_{min}	GB/T 41			8.63	10.89	14.20	17.59	19.85	26.17	32.95	39.55	50.85	60.79	71.3	82.6
	GB/T 6170	6.01	7.66	8.79	11.05	14.38	17.77	20.03	26.75	32.95	39.55	50.85	60.79	71.3	82.6
	GB/T 6172	6.01	7.66	8.79	11.05	14.38	17.77	20.03	26.75	32.95	39.55	50.85	60.79	71.3	82.6
s		5.5	7	8	10	13	16	18	24	30	36	46	55	65	75
m_{max}	GB/T 6170	2.4	3.2	4.7	5.2	6.8	8.4	10.8	14.8	18	21.5	25.6	31	34	38
	GB/T 6172	1.8	2.2	2.7	3.2	4	5	6	8	10	12	15	18	21	24
	GB/T 41			5.6	6.4	7.9	9.5	12.2	15.9	19	22.3	26.4	31.9	34.9	38.9

附表 12　1 型六角开槽螺母 A 级和 B 级（GB/T 6178—1986）摘编　（单位：mm）

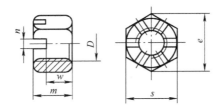

标记示例

螺纹规格 D = M5、性能等级为 8 级、不经表面处理、A 级的 1 型六角开槽螺母：

螺母 GB/T 6178　M5

螺纹规格 D	M4	M5	M6	M8	M10	M12	（M14）	M16	M20	M24	M30
e	7.66	8.79	11.05	14.38	17.77	20.03	23.35	26.75	32.95	39.55	50.85
m	5	6.7	7.7	9.8	12.4	15.8	17.8	20.8	24	29.5	34.6
n	1.2	1.4	2	2.5	2.8	3.5	3.5	4.5	4.5	5.5	7
s	7	8	10	13	16	18	21	24	30	36	46
w	3.2	4.7	5.2	6.8	8.4	10.8	12.8	14.8	18	21.5	25.6
开口销	1 × 10	1.2 × 12	1.6 × 14	2 × 16	2.5 × 20	3.2 × 22	3.2 × 25	4 × 28	4 × 36	5 × 40	6.3 × 50

附表 13　平垫圈（GB/T 97.1—2002）、**平垫圈　倒角型　A 级**（GB/T 97.2—2002）**摘编**

（单位：mm）

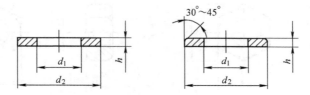

标记示例

标准系列，公称尺寸 $d = 8$ mm，由钢制造的硬度等级为 200HV 级，不经表面处理、产品等级为 A 级的平垫圈：

垫圈 GB/T 97.1　8

规格（螺纹直径）	2	2.5	3	4	5	6	8	10	12	14	16	20	24	30
内径 d_1	2.2	2.7	3.2	4.3	5.3	6.4	8.4	10.5	13	15	17	21	25	31
外径 d_2	5	6	7	9	10	12	16	20	24	28	30	37	44	56
厚度 h	0.3	0.5	0.5	0.8	1	1.6	1.6	2	2.5	2.5	3	3	4	4

附表 14　标准型弹簧垫圈（GB 93—1987）、**轻型弹簧垫圈**（GB 859—1987）**摘编**

（单位：mm）

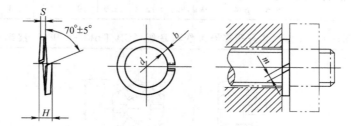

标记示例

公称尺寸 $d = 16$ mm，材料为 16Mn，表面氧化的标准型垫圈：

垫圈 GB/T 93　16

规格（螺纹直径）		2	2.5	3	4	5	6	8	10	12	16	20	24	30	36	42
d		2.1	2.6	3.1	4.1	5.1	6.1	8.1	10.2	12.2	16.2	20.2	24.5	30.5	36.5	42.5
H	GB/T 93	1	1.3	1.6	2.2	2.6	3.2	4.2	5.2	6.2	8.2	10	12	15	18	21
	GB/T 859			1.2	1.6	2.2	2.6	3.2	4	5	6.4	8	10	12	—	—
S (b)	GB/T 93	0.5	0.65	0.8	1.1	1.3	1.6	2.1	2.6	3.1	4.1	5	6	7.5	9	10.5
S	GB/T 859			0.6	0.8	1.1	1.3	1.6	2	2.5	3.2	4	5	6		
$m \leqslant$	GB/T 93	0.25	0.33	0.4	0.55	0.65	0.8	1.05	1.3	1.55	2.05	2.5	3	3.75	4.5	5.25
	GB/T 859			0.3	0.4	0.55	0.65	0.8	1	1.25	1.6	2	2.5	3	—	—
b	GB/T 859			1	1.2	1.5	2	2.5	3	3.5	4.5	5.5	7	9	—	—

附录C　键　与　销

附表15　平键　键槽的剖面尺寸（GB/T 1095—2003）、普通平键（GB/T 1096—2003）摘编　　（单位：mm）

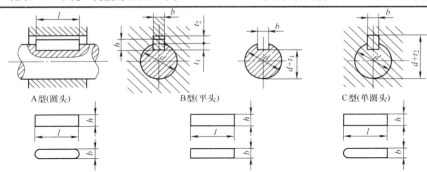

A型(圆头)　　　　B型(平头)　　　　C型(单圆头)

标记示例

圆头普通平键（A）型 $b=16$mm、$h=10$mm、$l=100$mm：

GB/T 1096—2003　键　$16\times10\times100$

轴径	键			键槽				
				宽度			深度	
d	b	h	b	正常键联接偏差			轴 t_1	毂 t_2
				轴 N9	毂 JS9			
自6~8	2	2	2	−0.004 −0.029	±0.0125		1.2	1.0
>8~10	3	3	3				1.8	1.4
>10~12	4	4	4	0 −0.030	±0.015		2.5	1.8
>12~17	5	5	5				3.0	2.3
>17~22	6	6	6				3.5	2.8
>22~30	8	7	8	0 −0.036	±0.018		4.0	3.3
>30~38	10	8	10				5.0	3.3
>38~44	12	8	12	0 −0.043	±0.0215		5.0	3.3
>44~50	14	9	14				5.5	3.8
>50~58	16	10	16				6.0	4.3
>58~65	18	11	18				7.0	4.4
>65~75	20	12	20	0 −0.052	±0.026		7.5	4.9
>75~85	22	14	22				9.0	5.4
>85~95	25	14	25				9.0	5.4
>95~110	28	16	28				10.0	6.4
>110~130	32	18	32	0 −0.062	±0.031		11.0	7.4
>130~150	36	20	36				12.0	8.4
>150~170	40	22	40				13.0	9.4
>170~200	45	25	45				15.0	10.4
l 系列	6, 8, 10, 12, 14, 16, 18, 20, 22, 25, 28, 32, 36, 40, 45, 50, 56, 63, 70, 80, 90, 100, 110, 125, 140, 160, 180, 200, 220, 250, 280, 320, 360, 400, 450, 500							

附表 16　圆柱销（GB/T 119.1—2000）摘编　　　　　（单位：mm）

标记示例

公称直径 $d = 8mm$、公差为 m6、长度 $l = 30mm$、材料为 35 钢、
不经淬火、不经表面处理的圆柱销：

销　GB/T 119.1　8m6 × 30

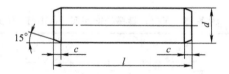

d	1	1.2	1.5	2	2.5	3	4	5	6	8	10	12
$c \approx$	0.2	0.25	0.3	0.35	0.4	0.5	0.63	0.8	1.2	1.6	2	2.5
l 系列	2, 3, 4, 5, 6, 8, 10, 12, 14, 16, 18, 20, 22, 24, 26, 28, 30, 32, 35, 40, 45, 50, 55, 60, 65, 70, 75, 80, 85, 90, 95, 100, 120, 140											

附表 17　圆锥销（GB/T 117—2000）摘编　　　　　（单位：mm）

标记示例

公称直径 $d = 10mm$、长度 $l = 60mm$、材料为 35 钢、热处理硬度
28 ~ 38HRC、表面氧化处理的 A 型圆锥销：

销　GB/T 117　10 × 60

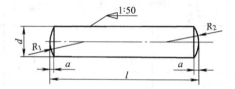

d	1	1.2	1.5	2	2.5	3	4	5	6	8	10	12
a	0.12	0.16	0.2	0.25	0.3	0.4	0.5	0.63	0.8	1	1.2	1.6
l 系列	2, 3, 4, 5, 6, 8, 10, 12, 14, 16, 18, 20, 22, 24, 26, 28, 30, 32, 35, 40, 45, 50, 55, 60, 65, 70, 75, 80, 85, 90, 95, 100, 120, 140, 160, 180											

附表 18　开口销（GB/T 91—2000）摘编　　　　　（单位：mm）

标记示例

公称直径 $d = 5mm$、长度 $l = 50mm$、材料为 Q215 或 Q235、不经
表面处理的开口销：

销　GB/T 91 5 × 50

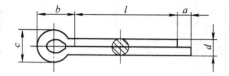

d		1	1.2	1.6	2	2.5	3.2	4	5	6.3	8	10	13
c	max	1.8	2	2.8	3.6	4.6	5.8	7.4	9.2	11.8	15	19	24.8
	min	1.6	1.7	2.4	3.2	4	5.1	6.5	8	10.3	13.1	16.6	21.7
$b \approx$		3	3	3.2	4	5	6.4	8	10	12.6	16	20	26
a_{max}		1.6		2.5			3.2		4			6.3	
l 系列		4, 5, 6, 8, 10, 12, 14, 16, 18, 20, 22, 25, 28, 32, 36, 40, 45, 50, 56, 63, 71, 80, 90, 100, 112, 125, 140, 160, 180, 200, 224, 250, 280											

附录 D　滚 动 轴 承

附表 19　滚动轴承　深沟球轴承（GB/T 276—2013）、圆锥滚子轴承（GB/T 297—1994）、
调心推力球轴承（GB/T 301—1995）摘编

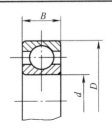

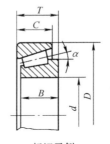

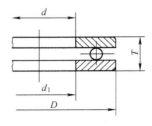

标记示例：

滚动轴承　6130 GB/T 276—2013

标记示例

滚动轴承 30212 GB/T 297—1994

标记示例

滚动轴承 51305 GB/T 301—1995

轴承型号	尺寸/mm			轴承型号	尺寸/mm					轴承型号	尺寸/mm			
	d	D	B		d	D	B	C	T		d	D	T	d_1
尺寸系列 [02]				尺寸系列 [02]						尺寸系列 [12]				
6202	15	35	11	30203	17	40	12	11	13.25	51202	15	32	12	17
6203	17	40	12	30204	20	47	14	12	15.25	51203	17	35	12	19
6204	20	47	14	30205	25	52	15	13	16.25	51204	20	40	14	22
6205	25	52	15	30206	30	62	16	14	17.25	51205	25	47	15	27
6206	30	62	16	30207	35	72	17	15	18.25	51206	30	52	16	32
6207	35	72	17	30208	40	80	18	16	19.75	51207	35	62	18	37
6208	40	80	18	30209	45	85	19	16	20.75	51208	40	68	19	42
6209	45	85	19	30210	50	90	20	17	21.75	51209	45	73	20	47
6210	50	90	20	30211	55	100	21	18	22.75	51210	50	78	22	52
6211	55	100	21	30212	60	110	22	19	23.75	51211	55	90	25	57
6212	60	110	22	30213	65	120	23	20	24.75	51212	60	95	26	62
尺寸系列 [03]				尺寸系列 [03]						尺寸系列 [13]				
6302	15	42	13	30302	15	42	13	11	14.25	51304	20	47	18	22
6303	17	47	14	30303	17	47	14	12	15.25	51305	25	52	18	27
6304	20	52	15	30304	20	52	15	13	16.25	51306	30	60	21	32
6305	25	62	17	30305	25	62	17	15	18.25	51307	35	68	24	37
6306	30	72	19	30306	30	72	19	16	20.75	51308	40	78	26	42
6307	35	80	21	30307	35	80	21	18	22.75	51309	45	85	28	47
6308	40	90	23	30308	40	90	23	20	25.25	51310	50	95	31	52
6309	45	100	25	30309	45	100	25	22	27.25	51311	55	105	35	57
6310	50	110	27	30310	50	110	23	23	29.25	51312	60	110	35	62
6311	55	120	29	30311	55	120	29	25	31.50	51313	65	115	36	67
6312	60	130	31	30312	60	130	31	26	33.50	51314	70	125	40	72

附录E 常用标准数据和标准结构

附表20 中心孔（GB/T 145—2001）摘编 （单位：mm）

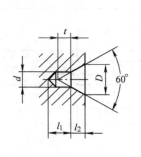 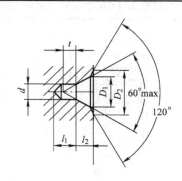 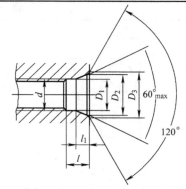

（D_2和l_2尺寸，制造厂可任选其一） （D_2和l_2尺寸，制造厂可任选其一）

A 型				B 型					C 型					
d	D	l_2	t 参考	d	D_1	D_2	l_2	t 参考	d	D_1	D_2	D_3	l	l_1 参考
2	4.25	1.95	1.8	2	4.25	6.3	2.54	1.8	M4	4.3	6.7	7.4	3.2	2.1
2.5	5.3	2.42	2.2	2.5	5.3	8	3.2	2.2	M5	5.3	8.1	8.8	4	2.4
3.15	6.7	3.07	2.8	3.15	6.7	10	4.03	2.8	M6	6.4	9.6	10.5	5	2.8
4	8.5	3.9	3.5	4	8.5	12.5	5.05	3.5	M8	8.4	12.2	13.2	6	3.3
(5)	10.6	4.85	4.4	(5)	10.6	16	6.41	4.4	M10	10.5	14.9	16.3	7.5	3.8
6.3	13.2	5.98	5.5	6.3	13.2	18	7.36	5.5	M12	13	18.1	19.8	9.5	4.4
(8)	17	7.79	7	(8)	17	22.4	9.36	7	M16	17	23	25.3	12	5.2
10	21.2	9.7	8.7	10	21.2	28	11.66	8.7	M20	21	28.4	31.3	15	6.4

注：1. 尺寸l_1取决于中心钻的长度l_1，即使中心钻重磨后再使用，此值也不应小于t值。

2. 表中同时列出了D_2和l_2尺寸，制造厂可任选其中一个尺寸。

3. 尺寸d和D_1与中心钻的尺寸一致。

4. 括号内的尺寸尽量不采用。

5. R型中心孔未列入。

附表21 标准公差数值（GB/T 1800.2—2009）摘编

公称尺寸 /mm		标准公差等级																	
大于	至	IT1	IT2	IT3	IT4	IT5	IT6	IT7	IT8	IT9	IT10	IT11	IT12	IT13	IT14	IT15	IT16	IT17	IT18
		/μm											/mm						
—	3	0.8	1.2	2	3	4	6	10	14	25	40	60	0.1	0.14	0.25	0.4	0.6	1	1.4
3	6	1	1.5	2.5	4	5	8	12	18	30	48	75	0.12	0.18	0.3	0.48	0.75	1.2	1.8
6	10	1	1.5	2.5	4	6	9	15	22	36	58	90	0.15	0.22	0.36	0.58	0.9	1.5	2.2
10	18	1.2	2	3	5	8	11	18	27	43	70	110	0.18	0.27	0.43	0.7	1.1	1.8	2.7
18	30	1.5	2.5	4	6	9	13	21	33	52	84	130	0.21	0.33	0.52	0.84	1.3	2.1	3.3
30	50	1.5	2.5	4	7	11	16	25	39	62	100	160	0.25	0.39	0.62	1	1.6	2.5	3.9
50	80	2	3	5	8	13	19	30	46	74	120	190	0.3	0.46	0.74	1.2	1.9	3	4.6
80	120	2.5	4	6	10	15	22	35	54	87	140	220	0.35	0.54	0.87	1.4	2.2	3.5	5.4

（续）

公称尺寸 /mm		标准公差等级																	
大于	至	IT1	IT2	IT3	IT4	IT5	IT6	IT7	IT8	IT9	IT10	IT11	IT12	IT13	IT14	IT15	IT16	IT17	IT18
		/μm											/mm						
120	180	3.5	5	8	12	18	25	40	63	100	160	250	0.4	0.63	1	1.6	2.5	4	6.3
180	250	4.5	7	10	14	20	29	46	72	115	185	290	0.46	0.72	1.15	1.85	2.9	4.6	7.2
250	315	6	8	12	16	23	32	52	81	130	210	320	0.52	0.81	1.3	2.1	3.2	5.2	8.1
315	400	7	9	13	18	25	36	57	89	140	230	360	0.57	0.89	1.4	2.3	3.6	5.7	8.9
400	500	8	10	15	20	27	40	63	97	155	250	400	0.63	0.97	1.55	2.5	4	6.3	9.7
500	630	9	11	16	22	32	44	70	110	175	280	440	0.7	1.1	1.75	2.8	4.4	7	11
630	800	10	13	18	25	36	50	80	125	200	320	500	0.8	1.25	2	3.2	5	8	12.5
800	1000	11	15	21	28	40	56	90	140	230	360	560	0.9	1.4	2.3	3.6	5.6	9	14
1000	1250	13	18	24	33	47	66	105	165	260	420	660	1.05	1.65	2.6	4.2	6.6	10.5	16.5
1250	1600	15	21	29	39	55	78	125	195	310	500	780	1.25	1.95	3.1	5	7.8	12.5	19.5
1600	2000	18	25	35	46	65	92	150	230	370	600	920	1.5	2.3	3.7	6	9.2	15	23
2000	2500	22	30	41	55	78	110	175	280	440	700	1100	1.75	2.8	4.4	7	11	17.5	28
2500	3150	26	36	50	68	96	135	210	330	540	860	1350	2.1	3.3	5.4	8.6	13.5	21	33

注：1. 公称尺寸大于 500mm 的 IT1～IT5 的标准公差数值为试行。

2. 公称尺寸小于或等于 1mm 时，无 IT14～IT18。

附录 F　轴和孔的极限偏差

附表 22　常用及优先用途轴的极限偏差（GB/T 1800.2—2009）摘编

公称尺寸 /mm		常用及优先公差带（带圈者为优先公差带）/μm												
		a	b		c			d				e		
大于	至	11	11	12	9	10	11	8	⑨	10	11	7	8	9
—	3	−270	−140	−140	−60	−60	−60	−20	−20	−20	−20	−14	−14	−14
		−330	−200	−240	−85	−100	−120	−34	−45	−60	−80	−24	−28	−39
3	6	−270	−140	−140	−70	−70	−70	−30	−30	−30	−30	−20	−20	−20
		−345	−215	−260	−100	−118	−145	−48	−60	−78	−105	−32	−38	−50
6	10	−280	−150	−150	−80	−80	−80	−40	−40	−40	−40	−25	−25	−25
		−370	−240	−300	−116	−138	−170	−62	−76	−98	−130	−40	−47	−61
10	14	−290	−150	−150	−95	−95	−95	−50	−50	−50	−50	−32	−32	−32
14	18	−400	−260	−330	−138	−165	−205	−77	−93	−120	−160	−50	−59	−75
18	24	−300	−160	−160	−110	−110	−110	−65	−65	−65	−65	−40	−40	−40
24	30	−430	−290	−370	−162	−194	−240	−98	−117	−149	−195	−61	−73	−92
30	40	−310	−170	−170	−120	−120	−120	−80	−80	−80	−80	−50	−50	−50
		−470	−330	−420	−182	−220	−280	−119	−142	−180	−240	−75	−89	−112
40	50	−320	−180	−180	−130	−130	−130							
		−480	−340	−430	−192	−230	−290							
50	65	−340	−190	−190	−140	−140	−140	−100	−100	−100	−100	−60	−60	−60
		−530	−380	−490	−214	−260	−330	−146	−174	−220	−290	−90	−106	−134
65	80	−360	−200	−200	−150	−150	−150							
		−550	−390	−500	−224	−270	−340							
80	100	−380	−220	−220	−170	−170	−170	−120	−120	−120	−120	−72	−72	−72
		−600	−440	−570	−257	−310	−390	−174	−207	−260	−340	−107	−126	−212
100	120	−410	−240	−240	−180	−180	−180							
		−630	−460	−590	−267	−320	−400							

（续）

公称尺寸 /mm		常用及优先公差带（带圈者为优先公差带）/μm												
		a	b		c			d				e		
大于	至	11	11	12	9	10	11	8	⑨	10	11	7	8	9
120	140	−460 −710	−260 −510	−260 −660	−200 −300	−200 −360	−200 −450							
140	160	−520 −770	−280 −530	−280 −680	−210 −310	−210 −370	−210 −460	−145 −208	−145 −245	−145 −305	−145 −395	−85 −125	−85 −148	−85 −185
160	180	−580 −830	−310 −560	−310 −710	−230 −330	−230 −390	−230 −480							
180	200	−660 −950	−340 630	−340 −800	−240 −355	−240 −425	−240 −530							
200	225	−740 −1030	−380 −670	−380 −840	−260 −375	−260 −445	−260 −550	−170 −242	−170 −285	−170 −355	−170 −460	−100 −146	−100 −172	−100 −215
225	250	−820 −1110	−420 −710	−420 −880	−280 −395	−280 −465	−280 −570							
250	280	−920 −1240	−480 −800	−480 −1000	−300 −430	−300 −510	−300 −620							
280	315	−1050 −1370	−540 −860	−540 −1060	−330 −460	−330 −540	−330 −650	−190 −271	−190 −320	190 −400	−190 −510	−110 −162	−110 −191	−110 −240
315	355	−1200 −1560	−600 −960	−600 −1170	−360 −500	−360 −590	−360 −720							
335	400	−1350 −1710	−680 −1040	−680 −1250	−400 −540	−400 −630	−400 −760	−210 −299	−210 −350	−210 −440	−210 −570	−125 −182	−125 −214	−125 −265
400	450	−1500 −1900	−760 −1160	−760 −1390	−440 −595	−440 −690	−440 −840							
450	500	−1650 −2050	−840 −1240	−840 −1470	−480 −635	−480 −730	−480 −880	−230 −327	−230 −385	230 −480	−230 −630	−135 −198	−135 −232	−135 −290

（续）

公称尺寸 /mm		常用及优先公差带（带圈者为优先公差带）/μm															
		f					g			h							
大于	至	5	6	⑦	8	9	5	⑥	7	5	⑥	⑦	8	⑨	10	11	12
—	3	−6 −10	−6 −12	−6 −16	−6 −20	−6 −31	−2 −6	−2 −8	−2 −12	0 −4	0 −6	0 −10	0 −14	0 −25	0 −40	0 −60	0 −100
3	6	−10 −15	−10 −18	−10 −22	−10 −28	−10 −40	−4 −9	−4 −12	−4 −16	0 −5	0 −8	0 −12	0 −18	0 −30	0 −48	0 −75	0 −120
6	10	−13 −19	−13 −22	−13 −28	−13 −35	−13 −49	−5 −11	−5 −14	−5 −20	0 −6	0 −9	0 −15	0 −22	0 −36	0 −58	0 −90	0 −150
10, 14	14, 18	−16 −24	−16 −27	−16 −34	−16 −43	−16 −59	−6 −14	−6 −17	−6 −24	0 −8	0 −11	0 −18	0 −27	0 −43	0 −70	0 −110	0 −180
18, 24	24, 30	−20 −29	−20 −33	−20 −41	−20 −53	−20 −72	−7 −16	−7 −20	−7 −28	0 −9	0 −13	0 −21	0 −33	0 −52	0 −84	0 −130	0 −210
30, 40	40, 50	−25 −36	−25 −41	−25 −50	−25 −64	−25 −87	−9 −20	−9 −25	−9 −34	0 −11	0 −16	0 −25	0 −39	0 −62	0 −100	0 −160	0 −250
50, 65	6(5), 80	−30 −43	−30 −49	−30 −60	−30 −76	−30 −104	−10 −23	−10 −29	−10 −40	0 −13	0 −19	0 −30	0 −46	0 −74	0 −120	0 −190	0 −300
80, 100	100, 120	−36 −51	−36 −58	−36 −71	−36 −90	−36 −123	−12 −27	−12 −34	−12 −47	0 −15	0 −22	0 −35	0 −54	0 −87	0 −140	0 −220	0 −350
120, 140, 160	140, 160, 180	−43 −61	−43 −68	−43 −83	−43 −106	−43 −143	−14 −32	−14 −39	−14 −54	0 −18	0 −25	0 −40	0 −63	0 −100	0 −160	0 −250	0 −400
180, 200, 225	200, 225, 250	−50 −70	−50 −79	−50 −96	−50 −122	−50 −165	−15 −35	−15 −44	−15 −61	0 −20	0 −29	0 −46	0 −72	0 −115	0 −185	0 −290	0 −460
250, 280	280, 315	−56 −79	−56 −88	−56 −108	−56 −137	−56 −185	−17 −40	−17 −49	−17 −69	0 −23	0 −32	0 −52	0 −81	0 −130	0 −210	0 −320	0 −520
315, 355	355, 400	−62 −87	−62 −98	−62 −119	−62 −151	−62 −202	−18 −43	−18 −54	−18 −75	0 −25	0 −36	0 −57	0 −89	0 −140	0 −230	0 −360	0 −570
400, 450	450, 400	−68 −95	−68 −108	−68 −131	−68 −165	−68 −223	−20 −47	−20 −60	−20 −83	0 −27	0 −40	0 −63	0 −97	0 −155	0 −250	0 −400	0 −630

（续）

公称尺寸/mm		常用及优先公差带（带圈者为优先公差带）/μm														
		j			k			m			n			p		
大于	至	5	6	7	5	⑥	7	5	6	7	5	⑥	7	5	⑥	7
—	3	±2	+4 -2	+6 -4	+4 0	+6 0	+10 0	+6 +2	+8 +2	+12 +2	+8 +4	+10 +4	+14 +4	+10 +6	+12 +6	+16 +6
3	6	+3 -2	+6 -2	+8 -4	+6 +1	+9 +1	+13 +1	+9 +4	+12 +4	+16 +4	+13 +8	+16 +8	+20 +8	+17 +12	+20 +12	+24 +12
6	10	+4 -2	+7 -2	+10 -5	+7 +1	+10 +1	+16 +1	+12 +6	+15 +6	+21 +6	+16 +10	+19 +10	+25 +10	+21 +15	+24 +15	+30 +15
10	14	+5 -3	+8 -3	+12 -6	+9 +1	+12 +1	+19 +1	+15 +7	+18 +7	+25 +7	+20 +12	+23 +12	+30 +12	+26 +18	+29 +18	+36 +18
14	18															
18	24	+5 -4	+9 -4	+13 -8	+11 +2	+15 +2	+23 +2	+17 +8	+21 +8	+29 +8	+24 +15	+28 +15	+36 +15	+31 +22	+35 +22	+43 +22
24	30															
30	40	+6 -5	+11 -5	+15 -10	+13 +2	+18 +2	+27 +2	+20 +9	+25 +9	+34 +9	+28 +17	+33 +17	+42 +17	+37 +26	+42 +26	+51 +26
40	50															
50	65	+6 -7	+12 -7	+18 -12	+15 +2	+21 +2	+32 +2	+24 +11	+30 +11	+41 +11	+33 +20	+39 +20	+50 +20	+45 +32	+51 +32	+62 +32
65	80															
80	100	+6 -9	+13 -9	+20 -15	+18 +3	+25 +3	+38 +3	+28 +13	+35 +13	+48 +13	+38 +23	+45 +23	+58 +23	+52 +37	+59 +37	+72 +37
100	120															
120	140	+7 -11	+14 -11	+22 -18	+21 +3	+28 +3	+43 +3	+33 +15	+40 +15	+55 +15	+45 +27	+52 +27	+67 +27	+61 +43	+68 +43	+83 +43
140	160															
160	180															
180	200	+7 -13	+16 -13	+25 -21	+24 +4	+33 +4	+50 +4	+37 +17	+46 +17	+63 +17	+51 +31	+60 +31	+77 +31	+70 +50	+79 +50	+96 +50
200	225															
225	250															
250	280	+7 -16	±16	±26	+27 +4	+36 +4	+56 +4	+43 +20	+52 +20	+72 +20	+57 +34	+66 +34	+86 +34	+79 +56	+88 +56	+108 +56
280	315															
315	355	+7 -18	±18	+29 -28	+29 +4	+40 +4	+61 +4	+46 +21	+57 +21	+78 +21	+62 +37	+73 +37	+94 +37	+87 +62	+98 +62	+119 +62
355	400															
400	450	+7 -20	±20	+31 -32	+32 +5	+45 +5	+68 +5	+50 +23	+63 +23	+86 +23	+67 +40	+80 +40	+103 +40	+95 +68	+108 +68	+131 +68
450	500															

（续）

公称尺寸/mm		常用及优先公差带（带圈者为优先公差带）/μm														
		r			s			t			u		v	x	y	z
大于	至	5	6	7	5	⑥	7	5	6	7	⑥	7	6	6	6	6
—	3	+14 +10	+16 +10	+20 +10	+18 +14	+20 +14	+24 +14	—	—	—	+24 +18	+28 +18	—	+26 +20	—	+32 +26
3	6	+20 +15	+23 +15	+27 +15	+24 +19	+27 +19	+31 +19	—	—	—	+31 +23	+35 +23	—	+36 +28	—	+43 +35
6	10	+25 +19	+28 +19	+34 +19	+29 +23	+32 +23	+38 +23	—	—	—	+37 +28	+43 +28	—	+43 +34	—	+51 +42
10	14	+31 +23	+34 +23	+41 +23	+36 +28	+39 +28	+46 +28	—	—	—	+44 +33	+51 +33	—	+51 +40	—	+61 +50
14	18							—	—	—			+50 +39	+56 +45	—	+71 +60
18	24	+37 +28	+41 +28	+49 +28	+44 +35	+48 +35	+56 +35	—	—	—	+54 +41	+62 +41	+60 +47	+67 +54	+76 +63	+86 +73
24	30							+50 +41	+54 +41	+62 +41	+61 +48	+69 +48	+68 +55	+77 +64	+88 +75	+101 +88
30	40	+45 +34	+50 +34	+59 +34	+54 +43	+59 +43	+68 +43	+59 +48	+64 +48	+73 +48	+76 +60	+85 +60	+84 +68	+96 +80	+110 +94	+128 +112
40	50							+65 +54	+70 +54	+79 +54	+86 +70	+95 +70	+97 +81	+113 +97	+130 +114	+152 +136
50	65	+54 +41	+60 +41	+71 +41	+66 +53	+72 +53	+83 +53	+79 +66	+85 +66	+96 +66	+106 +87	+117 +87	+121 +102	+141 +122	+163 +144	+191 +172
65	80	+56 +43	+62 +43	+72 +43	+72 +59	+78 +59	+89 +59	+88 +75	+94 +75	+105 +75	+121 +102	+132 +102	+139 +120	+165 +146	+193 +174	+229 +210
80	100	+66 +51	+73 +51	+86 +51	+86 +71	+93 +71	+106 +71	+106 +91	+113 +91	+126 +91	+146 +124	+159 +124	+168 +146	+200 +178	+236 +214	+280 +258
100	120	+69 +54	+76 +54	+89 +54	+94 +79	+101 +79	+114 +79	+119 +104	+126 +104	+139 +104	+166 +144	+179 +144	+194 +172	+232 +210	+276 +254	+332 +310

（续）

公称尺寸/mm		常用及优先公差带（带圈者为优先公差带）/μm													
		r			s			t			u		v	x	y	z
大于	至	5	6	7	5	⑥	7	5	6	7	⑥	7	6	6	6	6
120	140	+81 +63	+88 +63	+103 +63	+110 +92	+117 +92	+132 +92	+140 +122	+147 +122	+162 +122	+195 +170	+210 +170	+227 +202	+273 +248	+325 +300	+390 +365
140	160	+83 +65	+90 +65	+150 +65	+118 +100	+125 +100	+140 +100	+152 +134	+159 +134	+174 +134	+215 +190	+230 +190	+253 +228	+305 +280	+365 +340	+440 +415
160	180	+86 +68	+93 +68	+108 +68	+126 +108	+133 +108	+148 +108	+164 +146	+171 +146	+186 +146	+235 +210	+250 +210	+277 +252	+335 +310	+405 +380	+490 +465
180	200	+97 +77	+106 +77	+123 +77	+142 +122	+151 +122	+168 +122	+186 +166	+195 +166	+212 +166	+265 +236	+282 +236	+313 +284	+379 +350	+454 +425	+549 +520
200	225	+100 +80	+109 +80	+126 +80	+150 +130	+159 +130	+176 +130	+200 +180	+209 +180	+226 +180	+287 +258	+304 +258	+339 +310	+414 +385	+499 +470	+604 +575
225	250	+104 +84	+113 +84	+130 +84	+160 +140	+169 +140	+186 +140	+216 +196	+225 +196	+242 +196	+313 +284	+330 +284	+369 +340	+454 +425	+549 +520	+669 +640
250	280	+117 +94	+126 +94	+146 +94	+181 +158	+190 +158	+210 +158	+241 +218	+250 +218	+270 +218	+347 +315	+367 +315	+417 +385	+507 +475	+612 +580	+742 +710
280	315	+121 +98	+130 +98	+150 +98	+193 +170	+202 +170	+222 +170	+263 +240	+272 +240	+292 +240	+382 +350	+402 +350	+457 +425	+557 +525	+682 +650	+822 +790
315	355	+133 +108	+144 +108	+165 +108	+215 +190	+226 +190	+247 +190	+293 +268	+304 +268	+325 +268	+426 +390	+447 +390	+511 +475	+626 +590	+766 +730	+936 +900
355	400	+139 +114	+150 +114	+171 +114	+233 +208	+244 +208	+265 +208	+319 +294	+330 +294	+351 +294	+471 +435	+492 +435	+566 +530	+696 +660	+856 +820	+1036 +1000
400	450	+153 +126	+166 +126	+189 +126	+259 +232	+272 +232	+295 +232	+357 +330	+370 +330	+393 +330	+530 +490	+553 +490	+635 +595	+780 +740	+960 +920	+1140 +1100
450	500	+159 +132	+172 +132	+195 +132	+279 +252	+292 +252	+315 +252	+387 +360	+400 +360	+423 +360	+580 +540	+603 +540	+700 +660	+860 +820	+1040 +1000	+1290 +1250

附表 23　常用及优先用途孔的极限偏差 （GB/T 1800.2—2009）

公称尺寸/mm 大于	至	常用及优先公差带（带圈者为优先公差带）/μm A 11	B 11	B 12	C 11	D 8	D ⑨	D 10	D 11	E 8	E 9	F 6	F 7	F ⑧	F 9	G 6
—	3	+330 +270	+200 +140	+240 +140	+120 +60	+34 +20	+45 +20	+60 +20	+80 +20	+28 +14	+39 +14	+12 +6	+16 +6	+20 +6	+31 +6	+8 +2
3	6	+345 +270	+215 +140	+260 +140	+145 +70	+48 +30	+6 +30	+78 +30	+105 +30	+38 +20	+50 +20	+18 +10	+22 +10	+28 +10	+40 +10	+12 +4
6	10	+370 +280	+240 +150	+300 +150	+170 +80	+62 +40	+76 +40	+98 +40	+130 +40	+47 +25	+61 +25	+22 +13	+28 +13	+35 +13	+49 +13	+14 +5
10	14	+400 +290	+260 +150	+330 +150	+205 +95	+77 +50	+93 +50	+120 +50	+160 +50	+59 +32	+75 +32	+27 +46	+34 +16	+43 +16	+59 +16	+17 +6
14	18															
18	24	+430 +300	+290 +160	+370 +160	+240 +110	+98 +65	+117 +65	+149 +65	+195 +65	+73 +40	+92 +40	+33 +20	+41 +20	+53 +20	+72 +20	+20 +7
24	30															
30	40	+470 +310	+330 +170	+420 +170	+280 +120	+119 +80	+142 +80	+180 +80	+240 +80	+89 +50	+112 +50	+41 +25	+50 +25	+64 +25	+87 +25	+25 +9
40	50	+480 +320	+340 +180	+430 +180	+290 +130											
50	65	+530 +340	+380 +190	+490 +190	+330 +140	+146 +100	+174 +100	+220 +100	+290 +100	+106 +60	+134 +80	+49 +30	+60 +30	+76 +30	+104 +30	+29 +10
65	80	+550 +360	+390 +200	+500 +200	+340 +150											
80	100	+600 +380	+440 +220	+570 +220	+390 +170	+174 +120	+207 +120	+260 +120	+340 +120	+125 +72	+159 +72	+58 +36	+71 +36	+90 +36	+123 +36	+34 +12
100	120	+630 +410	+460 +240	+590 +240	+400 +180											

（续）

公称尺寸 /mm		常用及优先公差带（带圈者为优先公差带）/μm													
		A	B		C	D				E		F				G
大于	至	11	11	12	11	8	⑨	10	11	8	9	6	7	⑧	9	6
120	140	+710 +460	+510 +260	+660 +260	+450 +200											
140	160	+770 +520	+530 +280	+680 +280	+460 +210	+208 +145	+245 +145	+305 +145	+395 +145	+148 +85	+185 +85	+68 +43	+83 +43	+106 +43	+143 +43	+39 +14
160	180	+830 +580	+560 +310	+710 +310	+480 +230											
180	220	+950 +660	+630 +340	+800 +340	+530 +240											
200	225	+1030 +740	+670 +380	+840 +380	+550 +260	+242 +170	+285 +170	+355 +170	+460 +170	+172 +100	+215 +100	+79 +50	+96 +50	+122 +50	+165 +50	+44 +15
225	250	+1110 +820	+710 +420	+880 +420	+570 +280											
250	280	+1240 +920	+800 +480	+1000 +480	+620 +300											
280	315	+1370 +1050	+860 +540	+1060 +540	+650 +330	+271 +190	+320 +190	+400 +190	+510 +190	+191 +110	+240 +110	+88 +56	+108 +56	+137 +56	+186 +56	+49 +17
315	355	+1560 +1200	+960 +600	+1170 +600	+720 +360											
355	400	+1710 +1350	+1040 +680	+1250 +680	+760 +400	+299 +210	+350 +210	+440 +210	+570 +210	+214 +125	+265 +125	+98 +62	+119 +62	+151 +62	+202 +62	+54 +18
400	450	+1900 +1500	+1160 +760	+1390 +760	+840 +440											
450	500	+2050 +1650	+1240 +840	+1470 +840	+880 +480	+327 +230	+385 +230	+480 +230	+630 +230	+232 +135	+290 +135	+108 +68	+131 +68	+165 +68	+223 +68	+60 +20

（续）

公称尺寸 /mm 大于	至	G ⑦	H 6	H ⑦	H ⑧	H ⑨	H 10	H 11	H 12	J 6	J 7	J 8	K 6	K ⑦	K 8	M 6	M 7	M 8
—	3	+12 / +2	+6 / 0	+10 / 0	+14 / 0	+25 / 0	+40 / 0	+60 / 0	+100 / 0	+2 / −4	+4 / −6	+6 / −8	0 / −6	0 / −10	0 / −14	−2 / −8	−2 / −12	−2 / −16
3	6	−16 / −4	+8 / 0	+12 / 0	+18 / 0	+30 / 0	+48 / 0	+75 / 0	+120 / 0	+5 / −3	±6	+10 / −8	+2 / −6	+3 / −9	+5 / −13	−1 / −9	0 / −12	+2 / −16
6	10	+20 / +5	+9 / 0	+15 / 0	+22 / 0	+36 / 0	+58 / 0	+90 / 0	+150 / 0	+5 / −4	+8 / −7	+12 / −10	+2 / −7	+5 / −10	+6 / −16	−3 / −12	0 / −15	+1 / −21
10	14	+24 / +6	+11 / 0	+18 / 0	+27 / 0	+43 / 0	+70 / 0	+110 / 0	+180 / 0	+6 / −5	+10 / −8	+15 / −12	+2 / −9	+6 / −12	+8 / −19	−4 / −15	0 / −18	+2 / −25
14	18	+24 / +6	+11 / 0	+18 / 0	+27 / 0	+43 / 0	+70 / 0	+110 / 0	+180 / 0	+6 / −5	+10 / −8	+15 / −12	+2 / −9	+6 / −12	+8 / −19	−4 / −15	0 / −18	+2 / −25
18	24	+28 / +7	+13 / 0	+21 / 0	+33 / 0	+52 / 0	+84 / 0	+130 / 0	+210 / 0	+8 / −5	+12 / −9	+20 / −13	+2 / −11	+6 / −15	+10 / −23	−4 / −17	0 / −21	+4 / −29
24	30	+28 / +7	+13 / 0	+21 / 0	+33 / 0	+52 / 0	+84 / 0	+130 / 0	+210 / 0	+8 / −5	+12 / −9	+20 / −13	+2 / −11	+6 / −15	+10 / −23	−4 / −17	0 / −21	+4 / −29
30	40	+34 / +9	+16 / 0	+25 / 0	+39 / 0	+62 / 0	+100 / 0	+160 / 0	+250 / 0	+10 / −6	+14 / −11	+24 / −15	+3 / −13	+7 / −18	+12 / −27	−4 / −20	0 / −25	+5 / −34
40	50	+34 / +9	+16 / 0	+25 / 0	+39 / 0	+62 / 0	+100 / 0	+160 / 0	+250 / 0	+10 / −6	+14 / −11	+24 / −15	+3 / −13	+7 / −18	+12 / −27	−4 / −20	0 / −25	+5 / −34
50	65	+40 / +10	+19 / 0	+30 / 0	+46 / 0	+74 / 0	+120 / 0	+190 / 0	+300 / 0	+13 / −6	+18 / −12	+28 / −18	+4 / −15	+9 / −21	+14 / −32	−5 / −24	0 / −30	+5 / −41
65	80	+40 / +10	+19 / 0	+30 / 0	+46 / 0	+74 / 0	+120 / 0	+190 / 0	+300 / 0	+13 / −6	+18 / −12	+28 / −18	+4 / −15	+9 / −21	+14 / −32	−5 / −24	0 / −30	+5 / −41
80	100	+47 / +12	+22 / 0	+35 / 0	+54 / 0	+87 / 0	+140 / 0	+220 / 0	+350 / 0	+16 / −6	+22 / −13	+34 / −20	+4 / −18	+10 / −25	+16 / −38	−6 / −28	0 / −35	+6 / −48
100	120	+47 / +12	+22 / 0	+35 / 0	+54 / 0	+87 / 0	+140 / 0	+220 / 0	+350 / 0	+16 / −6	+22 / −13	+34 / −20	+4 / −18	+10 / −25	+16 / −38	−6 / −28	0 / −35	+6 / −48
120	140	+54 / +14	+25 / 0	+40 / 0	+63 / 0	+100 / 0	+160 / 0	+250 / 0	+400 / 0	+18 / −7	+26 / −14	+41 / −22	+4 / −21	+12 / −28	+20 / −43	−8 / −33	0 / −40	+8 / −55
140	160	+54 / +14	+25 / 0	+40 / 0	+63 / 0	+100 / 0	+160 / 0	+250 / 0	+400 / 0	+18 / −7	+26 / −14	+41 / −22	+4 / −21	+12 / −28	+20 / −43	−8 / −33	0 / −40	+8 / −55
160	180	+54 / +14	+25 / 0	+40 / 0	+63 / 0	+100 / 0	+160 / 0	+250 / 0	+400 / 0	+18 / −7	+26 / −14	+41 / −22	+4 / −21	+12 / −28	+20 / −43	−8 / −33	0 / −40	+8 / −55
180	200	+61 / +15	+29 / 0	+46 / 0	+72 / 0	+115 / 0	+185 / 0	+290 / 0	+460 / 0	+22 / −7	+30 / −16	+47 / −25	+5 / −24	+13 / −33	+22 / −50	−8 / −37	0 / −46	+9 / −63
200	225	+61 / +15	+29 / 0	+46 / 0	+72 / 0	+115 / 0	+185 / 0	+290 / 0	+460 / 0	+22 / −7	+30 / −16	+47 / −25	+5 / −24	+13 / −33	+22 / −50	−8 / −37	0 / −46	+9 / −63
225	250	+61 / +15	+29 / 0	+46 / 0	+72 / 0	+115 / 0	+185 / 0	+290 / 0	+460 / 0	+22 / −7	+30 / −16	+47 / −25	+5 / −24	+13 / −33	+22 / −50	−8 / −37	0 / −46	+9 / −63
250	280	+69 / +17	+32 / 0	+52 / 0	+81 / 0	+130 / 0	+210 / 0	+320 / 0	+520 / 0	+25 / −7	+36 / −16	+55 / −26	+5 / −27	+16 / −36	+25 / −56	−9 / −41	0 / −52	+9 / −72
280	315	+69 / +17	+32 / 0	+52 / 0	+81 / 0	+130 / 0	+210 / 0	+320 / 0	+520 / 0	+25 / −7	+36 / −16	+55 / −26	+5 / −27	+16 / −36	+25 / −56	−9 / −41	0 / −52	+9 / −72
315	355	+75 / +18	+36 / 0	+57 / 0	+89 / 0	+140 / 0	+230 / 0	+360 / 0	+570 / 0	+29 / −7	+39 / −18	+60 / −29	+7 / −29	+17 / −40	+28 / −61	−10 / −46	0 / −57	+11 / −78
355	400	+75 / +18	+36 / 0	+57 / 0	+89 / 0	+140 / 0	+230 / 0	+360 / 0	+570 / 0	+29 / −7	+39 / −18	+60 / −29	+7 / −29	+17 / −40	+28 / −61	−10 / −46	0 / −57	+11 / −78
400	450	+83 / +20	+40 / 0	+63 / 0	+97 / 0	+155 / 0	+250 / 0	+400 / 0	+630 / 0	+33 / −7	+43 / −20	+66 / −31	+8 / −32	+18 / −45	+29 / −68	−10 / −50	0 / −63	+11 / −86
450	500	+83 / +20	+40 / 0	+63 / 0	+97 / 0	+155 / 0	+250 / 0	+400 / 0	+630 / 0	+33 / −7	+43 / −20	+66 / −31	+8 / −32	+18 / −45	+29 / −68	−10 / −50	0 / −63	+11 / −86

常用及优先公差带（带圈者为优先公差带）/μm

（续）

公称尺寸 /mm		常用及优先公差带（带圈者为优先公差带）/μm											
		N			P		R		S		T		U
大于	至	6	⑦	8	6	⑦	6	7	6	⑦	6	7	⑦
—	3	−4 −10	−4 −14	−4 −18	−6 −12	−6 −16	−10 −16	−10 −20	−14 −20	−14 −24	—	—	−18 −28
3	6	−5 −13	−4 −16	−2 −20	−9 −17	−8 −20	−12 −20	−11 −23	−16 −24	−15 −27	—	—	−19 −31
6	10	−7 −16	−4 −19	−3 −25	−12 −21	−9 −24	−16 −25	−13 −28	−20 −29	−17 −32	—	—	−22 −37
10	14	−9 −20	−5 −23	−3 −30	−15 −26	−11 −29	−20 −31	−16 −34	−25 −36	−21 −39	—	—	−26 −44
14	18	−9 −20	−5 −23	−3 −30	−15 −26	−11 −29	−20 −31	−16 −34	−25 −36	−21 −39	—	—	−26 −44
18	24	−11 −24	−7 −28	−3 −36	−18 −31	−14 −35	−24 −37	−20 −41	−31 −44	−27 −48	—	—	−33 −54
24	30	−11 −24	−7 −28	−3 −36	−18 −31	−14 −35	−24 −37	−20 −41	−31 −44	−27 −48	−37 −50	−33 −54	−40 −61
30	40	−12 −28	−8 −33	−3 −42	−21 −37	−17 −42	−29 −45	−25 −50	−38 −54	−34 −59	−43 −59	−39 −64	−51 −76
40	50	−12 −28	−8 −33	−3 −42	−21 −37	−17 −42	−29 −45	−25 −50	−38 −54	−34 −59	−49 −65	−45 −70	−61 −86
50	65	−14 −33	−9 −39	−4 −50	−26 −45	−21 −51	−35 −54	−30 −60	−47 −66	−42 −72	−60 −79	−55 −85	−76 −106
65	80	−14 −33	−9 −39	−4 −50	−26 −45	−21 −51	−37 −56	−32 −62	−53 −72	−48 −78	−69 −88	−64 −94	−91 −121
80	100	−16 −38	−10 −45	−4 −58	−30 −52	−24 −59	−44 −66	−38 −73	−64 −86	−58 −93	−84 −106	−78 −113	−111 −146
100	120	−16 −38	−10 −45	−4 −58	−30 −52	−24 −59	−47 −69	−41 −76	−72 −94	−66 −101	−97 −119	−91 −126	−131 −166
120	140	−20 −45	−12 −52	−4 −67	−36 −61	−28 −68	−56 −81	−48 −88	−85 −110	−77 −117	−115 −140	−107 −147	−155 −195
140	60	−20 −45	−12 −52	−4 −67	−36 −61	−28 −68	−58 −83	−50 −90	−93 −118	−85 −125	−127 −152	−119 −159	−175 −215
160	180	−20 −45	−12 −52	−4 −67	−36 −61	−28 −68	−61 −86	−53 −93	−101 −126	−93 −133	−139 −164	−131 −171	−195 −235
180	200	−22 −51	−14 −60	−5 −77	−41 −70	−33 −79	−68 −97	−60 −106	−113 −142	−105 −151	−157 −186	−149 −195	−219 −265
200	225	−22 −51	−14 −60	−5 −77	−41 −70	−33 −79	−71 −100	−63 −109	−121 −150	−113 −159	−171 −200	−163 −209	−241 −287
225	250	−22 −51	−14 −60	−5 −77	−41 −70	−33 −79	−75 −104	−67 −113	−131 −160	−123 −169	−187 −216	−179 −225	−267 −313

（续）

公称尺寸 /mm		常用及优先公差带（带圈者为优先公差带）/μm										
		N			P		R		S		T		U
大于	至	6	⑦	8	6	⑦	6	7	6	⑦	6	7	⑦
250	280	−25	−14	−5	−47	−36	−85 −117	−74 −126	−149 −181	−138 −190	−209 −241	−198 −250	−295 −347
280	315	−57	−66	−86	−79	−88	−89 −121	−78 130	−161 −193	−150 −202	−231 −263	−220 −272	−330 −382
315	355	−26	−16	−5	−51	−41	−97 −133	−87 −144	−179 −215	−169 −226	−257 −293	−247 −304	−369 −426
355	400	−62	−73	−94	−87	−98	−103 −139	−93 −150	−197 −233	−187 −244	−283 −319	−273 −330	−414 −471
400	450	−27	−17	−6	−55	−45	−113 −153	−103 −166	−219 −259	−209 −272	−317 −357	−307 −370	−467 −530
450	500	−67	−80	−103	−95	−108	−119 −159	−109 −172	−239 −279	−229 −292	−347 −387	−337 −400	−517 −580

参 考 文 献

[1] 刘雅荣. 机械制图 [M]. 北京：北京理工大学出版社，2012.
[2] 钱文伟. 电气工程制图 [M]. 北京：高等教育出版社，2009.
[3] 于梅. 工程制图（非机械类）[M]. 北京：机械工业出版社，2013.
[4] 李奉香. 工程识图与制图 [M]. 北京：机械工业出版社，2011.
[5] 刘力. 机械制图 [M]. 北京：高等教育出版社，2008.